Deutsche Triebwagen

R

Michael Dostal

Deutsche Triebwagen

DB Deutsche Bahn und Privatbahnen

GeraMond

Impressum

Produktmanagement: Aurel Butz
Layout: BUCHFLINK Rüdiger Wagner, Nördlingen
Repro: CROMIKA, Verona
Herstellung: Anna Katavic
Druckerei: Printer Trento S.r.l.

Alle Angaben dieses Werkes wurden vom Autor sorgfältig recherchiert und auf den aktuellen Stand gebracht sowie vom Verlag geprüft. Für die Richtigkeit der Angaben kann jedoch keine Haftung übernommen werden. Für Hinweise und Anregungen sind wir jederzeit dankbar. Bitte richten Sie diese an:

GeraMond Verlag
Lektorat
Postfach 80 02 40
D-81602 München
e-mail: lektorat@geramond.de

Die Deutsche Nationalbibliothek verzeichnet diese Publikation in der Deutschen Nationalbibliografie; detaillierte bibliografische Daten sind im Internet über http://dnb.d-nb.de abrufbar.

ISBN 978-3-86245-113-8

Bildnachweis

Bergsteiner L.: 47, 49 u
Bürgel, S.: 98 u, 99 u, 105
Domagalski, Dr. B.: 29, 40, 41 o, 42 o, 44 u, 45 o, 58, 65, 79, 95, 96, 103 u, 104 o, 104 u, 106 o, 110 o, 110 u, 112 o, 128
Dostal, M.: alle nicht genannten Aufnahmen
Estler, Th.: 18, 19, 28, 43 o, 43 u, 56, 57, 59, 108
Heiderich, H.: 129
Heym, R.: 89
Meier, R.: 41 u, 45 u, 51, 67, 97, 137
Miethe, U.: 81, 88
Schröfl, Dr. Ch.: 136
Siemens-Pressebild: 16, 17
Slg. Stender, J.: 62, 102, 106 u, 121, 126, 127, 132
Treutler, M.: 63, 101 o
Völk, Ch.: 64, 66, 120, 125

Seit 2007 werden Triebfahrzeuge nach dem europäischen Fahrzeugeinstellungsregister (UIC-Merkblatt 438-3 Kennzeichnung der Triebfahrzeuge) eingereiht.

Diese zwölfstellige Nummer besteht aus einem Bauartcode, einer Länderkennung (Deutschland = 80), einer Füllziffer und der eigentlichen Loknummer. Die Füllziffer ist notwendig, weil die Baureihennummer vierstellig sein muss. Die DB wählte die Füllziffer so, dass die Prüfziffer bei den meisten Fahrzeugen nicht verändert werden musste. Nur bei Dieseltriebwagen konnte diese Prüfziffer nicht unverändert bleiben.

Es wurden folgende Bauartcodes festgelegt:

90 = nicht anderweitig erfasstes Triebfahrzeug, zum Beispiel Dampflok
91 = Elektrolok mit mehr oder gleich 100 km/h Höchstgeschwindigkeit
92 = Diesellok mit mehr oder gleich 100 km/h Höchstgeschwindigkeit
93 = Elektrotriebwagen mit mehr oder gleich 190 km/h Höchstgeschwindigkeit
94 = Elektrotriebwagen mit weniger als 190 km/h Höchstgeschwindigkeit
95 = Dieseltriebwagen
96 = Beiwagen
97 = Elektrolok mit mehr weniger als 100 km/h Höchstgeschwindigkeit (Rangierlok)
98 = Diesellok mit mehr weniger als 100 km/h Höchstgeschwindigkeit (Rangierlok)
99 = Bahndienst-Fahrzeuge

HINWEIS

Die Triebfahrzeuge in diesem Buch sind nach den ursprünglich von der DB AG verwendeten, dreistelligen Baureihennummern sortiert. Lokomotiven privater Eisenbahnverkehrsunternehmen wurden ebenfalls nach dieser dreistelligen Nummer eingereiht.

Gibt es mehrere Lokbaureihen mit der gleichen dreistelligen Nummer, ist die vorangehende Füllziffer mit angegeben.

Die Kontrollziffer berechnet sich wie im folgenden Beispiel:

Loknummer 9 4 8 0 0 4 2 3 3 3 9
Multiplikator 2 1 2 1 2 1 2 1 2 1 2

Die einzelnen Ziffern der Loknummer werden jeweils mit 1 oder 2 multipliziert

Ergebnis 18 4 16 0 0 4 4 3 6 3 18

Aus dem Ergebnis wird die Quersumme gebildet:

1+8+4+1+6+0+0+4+4+3+6+3+1+8=49

Die Quersumme wird auf den nächsten vollen Zehner aufgerundet (hier 50). Die Differenz zwischen Quersumme und aufgerundeten Ergebnis (hier 1) bildet die Kontrollziffer. Die vollständige Nummer lautet also 94 80 0 423 339-1.

Zwölfstellige Fahrzeugnummer am RegionalBahn-Triebwagen 440 516

Radsatzfolgen

B	zwei angetriebene Achsen im Hauptrahmen
C	drei angetriebene Achsen im Hauptrahmen
D	vier angetriebene Achsen im Hauptrahmen
B'B'	zwei zusammen angetriebene Drehgestelle mit je zwei miteinander gekuppelten Radsätzen
C'C'	zwei zusammen angetriebene Drehgestelle mit je drei miteinander gekuppelten Radsätzen
Bo'Bo'	je zwei einzeln angetriebene Achsen in zwei Drehgestellen
Co'Co'	je drei einzeln angetriebene Achsen in zwei Drehgestellen
Bo'2'Bo'	je zwei einzeln angetriebene Achsen in zwei Drehgestellen, Wagenkasten, der sich in der Mitte auf ein gemeinsames Laufachs-Drehgestell, das sog. „Jakobsdrehgestell", über zwei Drehzapfen abstützt

Die Farben der einzelnen Kapitel:

- Allgemeiner Teil
- Verbrennungstriebwagen
- Elektrische Triebwagen
- Dienstfahrzeuge

Elektrische Triebwagen

Mit den ICE 1 legte die Deutsche Bundesbahn 1991 den Grundstein für ihre große ICE-Flotte

In den 1990er-Jahren war der ICE 1 das „Paradepferd“ der Deutschen Bahn. Der stromlinienförmige Zug bringt es auf Tempo 280 km/h und verschaffte der Bahn einen enormen Image- und Fahrgastgewinn.

Entwicklung Im Februar 1989 bestellte die DB die ersten Serienzüge des ICE, nachdem der Prototyp schon vier Jahre im Einsatz war. Von 1989 bis 1996 lieferten die Hersteller 122 Triebköpfe und 723 Mittelwagen, aus denen 60 Garnituren gebildet werden können.

Hersteller des mechanischen Teils waren Krauss-Maffei, Henschel, Krupp, DUEWAG, LHB, MAN, MBB und die Waggon Union, während AEG, BBC und Siemens die elektrische Ausrüstung lieferten. Eingereiht wurden die Triebköpfe als 401 001/501 bis 401 020/520 und 401 051/551 bis 401 090/590. Die Mittelwagen erhielten die Baureihennummern 801 (1. Klasse-Wagen), 802 (2. Klasse-Wagen), 803 (Service-Wagen) und 804 (Speisewagen).

Fahrzeugbau Der ICE 1 besteht in der Regel aus zwei Triebköpfen und bis zu zwölf Mittelwagen. Die aerodynamisch optimierten Triebköpfe sind in Stahlleichtbauweise ausgeführt, die Mittelwagen aus geschweißten Aluminium-Großstrang-Pressprofilen aufgebaut. Auf die Schall- und Wärmedämmung wurde besonderer Wert gelegt.

Alle Mittelwagen haben stahlgefederte Drehgestelle mit Monobloc-Radsätzen. Schraubenfedern mit Vertikal- und Querdämpfern sollen für eine hohe Laufstabilität sorgen. Die Drehgestelle der Triebköpfe werden mit Zug-/Druckstangen am Wagenkasten angelenkt.

Elektrik Jeder Triebkopf hat einen Hochleistungs-Einholmstromabnehmer. Für Fahrten in die Schweiz bekamen einige Triebköpfe einen zweiten Stromabnehmer mit schmalem Schleifstück.

Jeder der vier Drehstrom-Asynchronmotoren eines Triebkopfs erbringt 1.200 kW Dauerleistung. In den ersten 20 Zügen wurden Thyristoren mit Ölkühlung eingebaut, in den übrigen

2005 bis 2008 wurden die Innenräume der Mittelwagen an das Design der ICE-3-Wagen angepasst

GTO-Thyristoren mit FCKW-freier Siedebadkühlung. Drei Bremssysteme ergänzen einander: generatorische Bremsen mit Energierückspeisung, elektropneumatisch gesteuerte Scheibenbremsen und Magnetschienenbremsen.

Zum Erkennen von Defekten sind die Züge mit dem Eigendiagnosesystem „DAVID" ausgestattet. Das System zeigt Lösungsmöglichkeiten an und leitet Informationen zu den Problemen automatisch an die Werkstatt weiter.

Innenraum Die Innenausstattung der Sitzwagen besteht jeweils aus einem Großraum und mehreren geschlossenen Abteilen.

Der Servicewagen bietet einen Fahrgastraum, das Abteil für den Zugchef, ein Konferenzabteil, Telefonzellen und ein behindertengerechtes WC.

Im Speisewagen trennt die Küche den Speise- vom Bistrobereich. Der Wagen fällt von außen durch das höhere Dach mit den zusätzlichen Fenstern auf.

Einsatz Die Züge sind in Hamburg-Eidelstedt beheimatet und werden überwiegend auf den Nord-Südlinien eingesetzt.

2005 bis 2008 durchliefen die Züge ein Redesign-Programm, in dem sie auf den neuesten technischen Stand gebracht und die Innenräume an das Design des ICE 3 angepasst wurden.

TECHNISCHE DATEN	
Länge über Kupplung	
Zug (14-teilig)	357.920 mm
Triebkopf	20.560 mm
Mittelwagen	26.400 mm
Achsfolge	Bo'Bo' + 2'2' + ... + 2'2' + Bo'Bo'
Treibraddurchmesser	1.030 mm
Laufraddurchmesser (Mittelwagen)	920 mm
Achsstand im Drehgestell (Triebkopf)	3.000 mm
Achsstand im Drehgestell (Mittelwg.)	2.500 mm
Gesamter Achsstand (Triebkopf)	14.460 mm
Dienstmasse Triebkopf	80,4; 77,5*t
Maximale Radsatzlast (Triebkopf)	20,1 t
Höchstgeschwindigkeit	280 km/h
Leistung	2 x 4 x 1.200 kW
Motorbauart	Drehstrom-Asynchronmotor
Antriebsart	Kardanhohlwelle
Anfahrzugkraft	2 x 200 kN
Stromsystem	15 kV~/16,7 Hz
Indienststellung	1991 – 1993
Eingesetzt von	DB Fernverkehr

* 401 051/551 bis 090/590 mit GTO-Thyristoren

Die ICE-2-Züge fahren mit nur einem Triebkopf, am anderen Ende läuft ein antriebsloser Steuerwagen

Der ICE 2 ist kürzer als der ICE 1 und hat nur einen Triebkopf. Am anderen Zugende ist ein Steuerwagen eingestellt. Zwei „Halbzüge" können miteinander zu einem „Vollzug" gekuppelt werden.

Entwicklung Für den Ausbau ihres Hochgeschwindigkeitsnetzes benötigte die DB Züge, die sich flexibler an das Fahrgastaufkommen anpassen lassen. Deshalb bestellte sie bei Siemens 44 achtteilige Züge. Die Montage der 46 Triebköpfe erfolgte im ehemaligen Krupp-Werk in Essen, die 264 Mittelwagen wurden bei der AEG Nürnberg sowie bei DUEWAG, LHB und DWA gebaut. Die Steuerwagen entstanden bei ADtranz in Nürnberg.

Die Fahrzeuge erhielten folgende Nummern: 402 für die Triebköpfe, 805 für die Mittelwagen 1. Klasse, 806 für die Mittelwagen 2. Klasse, 807 für die Speisewagen und 808 für die Steuerwagen.

Im Regelfall setzt sich ein Zug aus einem Triebkopf, einem Steuerwagen, einem Speisewagen und fünf Sitzwagen zusammen.

Fahrzeugbau Der Triebkopf entspricht weitgehend der Baureihe 401. Auf der Frontseite musste allerdings eine zweiteilige Bugklappe angebracht werden, hinter der sich die automatische Kupplung verbirgt.

Die Mittelwagen laufen auf luftgefederten Drehgestellen vom Typ SGP 400. Wie sein Vorgänger ist der ICE 2 weiß mit verkehrsroter Bauchbinde lackiert.

Elektrik Weil jeder Halbzug nur einen Stromabnehmer hat, muss dieser auch bei sehr hohen Geschwindigkeiten sicher am Fahrdraht bleiben. Für diese Ansprüche wurde der Stromabnehmer vom Typ DSA 350 SEK angepasst.

Die Scharfenberg-Kupplungen der Triebköpfe verbinden die Halbzüge nicht nur mechanisch, sondern auch die Luftleitungen sowie die Lichtwellenleiter, Datenbusse, die konventionellen Steuerleitungen und das Koaxialkabel des Fahrgastinformationssystems. Gegenüber dem ICE 1 wurde das Antriebssteuergerät SIBAS 32 weiterentwickelt.

Innenraum Auch die Mittelwagen entsprechen weitgehend der ersten Generation. Allerdings wurden in das Fenster-

Hinter der Bugklappe verbirgt sich eine automatische Scharfenberg-Kupplung

band digitale Fahrgastinformationen integriert. Die durchgehenden Großräume wurden mit leichteren Sitzen ausgestattet, um Gewicht zu sparen. Kopfhöreranschlüsse, Lautstärkeregler und Programmwähler sowie die Verstellmöglichkeit der Rückenlehnen sorgen für Komfort. Auf Anregung der Fahrgäste wurden die Schwenktische der ICE 1 durch einfach zu bedienende Klapptische an den Lehnen der Vordersitze ersetzt.

Der Bistrobereich des Speisewagens wurde kleiner, weil der Wagen zusätzlich das Serviceabteil aufnehmen muss.

Die Stirnpartie des Steuerwagens mit Führerraum wurde analog zum Triebkopf gestaltet. An den Führerraum schließt sich ein Maschinenraum an.

Einsatz Alle Züge sind in Berlin-Rummelsburg beheimatet und werden von dort auf kürzeren ICE-Linien mit Flügelzugbildung eingesetzt, oder als Doppeleinheiten in Mischplänen mit den ICE-1-Zügen.

2010 begann das Redesign-Programm für den ICE 2. Bis 2013 sollen alle Züge analog den ICE 1 auf den neuesten technischen Stand gebracht werden. Die Innenausstattung wird an die des ICE 3 angepasst.

TECHNISCHE DATEN	
Länge über Kupplung	
Zug (8-teilig)	205.360 mm
Triebkopf	20.560 mm
Mittelwagen	26.400 mm
Achsfolge	Bo'Bo' + 2'2' + ... + 2'2'
Treibraddurchmesser	1.030 mm
Laufraddurchmesser (Mittelwagen)	920 mm
Achsstand im Drehgestell (Triebkopf)	3.000 mm
Achsstand im Drehgestell (Mittelwg.)	2.500 mm
Gesamter Achsstand (Triebkopf)	14.460 mm
Dienstmasse Triebkopf	77,5 t
Maximale Radsatzlast (Triebkopf)	20,1 t
Höchstgeschwindigkeit	280 km/h
Leistung	4 x 1.200 kW
Motorbauart	Drehstrom-Asynchronmotor
Antriebsart	Kardan-Hohlwelle
Anfahrzugkraft	200 kN
Stromsystem	15 kV~/16,7 Hz
Indienststellung	1996 – 1997
Eingesetzt von	DB Fernverkehr

Die kleinste betriebsfähige Einheit des ICE 3 besteht aus vier Wagen. Je zwei Einheiten bilden einen Zug

Zur Ergänzung der ICE-Flotte beschaffte die Deutsche Bahn AG ab dem Jahr 2000 die Triebzüge der neuen, 330 km/h schnellen ICE-3-Generation.

Entwicklung 1999 begann die Auslieferung von 37 Einheiten der Baureihe 403 durch Siemens und ADtranz. Die DB nahm die Züge zwischen Juli 2000 und August 2001 ab und setzte sie auf ihren Hochgeschwindigkeitsstrecken ein. Ab Januar 2005 wurde die zweite Bauserie ausgeliefert, die bei der DB unter den Nummern 403 051 bis 063 läuft.

Fahrzeugbau Je vier Wagen des achtteiligen Triebzugs bilden eine eigenständige Einheit mit allen elektrischen Einrichtungen. Die Wagenkästen sind in Leichtmetallbauweise aus Großstrang-Pressprofilen ohne Spriegel hergestellt. Die Untergestelle aller Wagen sind verstärkt. Sie tragen die komplette elektrische Einrichtung, weil der ICE 3 keine separaten Triebköpfe hat. Die Wagen sind mit einer automatischen Kupplung verbunden, die zusammen mit dem Übergang von einem Wellenbalg umschlossen wird.

Elektrik Die Antriebs- und Steuerungseinrichtungen sind unterflur unter den einzelnen Wagen eingebaut. Ein Zug besteht aus vier angetriebenen und vier nicht angetriebenen Wagen. Mit diesem Antriebskonzept lassen sich Steigungen von 40 ‰ bei nur 16 Tonnen Radsatzlast bewältigen.

Die Zugkombination sieht in der Regel wie folgt aus:

403^{0}	Endwagen, 1. Klasse
403^{1}	Trafowagen, 1. Klasse
403^{2}	Stromrichterwagen, 1. Klasse
403^{3}	Mittelwagen, Restaurant
403^{8}	Mittelwagen, 2. Klasse
403^{7}	Stromrichterwagen, 2. Klasse
403^{6}	Trafowagen, 2. Klasse
403^{5}	Endwagen, 2. Klasse

Der Antrieb erfolgt durch 16 Drehstrom-Asynchronmotoren mit einer Leistung von je 500 kW. Sie übertragen ihr Drehmoment über eine radial und axial bewegliche Bogenzahnkupplung auf das einstufige Radsatzgetriebe.

Innenraum Der ICE 3 bietet 130 Plätze in der 1. und 244 Plätze in der 2. Klasse. Dazu kommen 24 Plätze im Restaurant, zehn Toiletten (eine davon behinderten-

Die Triebwagen der Baureihen 403 und 406 sind mit 330 km/h die schnellsten Fahrzeuge der DB

gerecht) und eine Personaltoilette. Die bequemen, verstellbaren Einzelsitze verteilen sich auf Großräume und geschlossene Abteile. Nach anfänglichen Problemen wurde die Klimaanlage ab April 2004 überarbeitet. Die Wagen bekamen an ihren Enden neue Ansaugvorrichtungen auf den Dächern.

Einsatz Die 403 sind alle in München beheimatet. Sie werden im Schnellverkehr zwischen Köln, Frankfurt (M) und München als Einzelzüge oder in Doppeltraktion eingesetzt.

2002 wurden die Züge einem größeren Umbau unterzogen. Man hatte erkannt, dass einerseits zu viele 1.-Klasse-Plätze vorhanden waren und andererseits die Gesamtzahl an Sitzplätzen nicht ausreichte. Um zusätzliche Plätze unterbringen zu können, wurden die Sitze enger aufgestellt, Garderoben entfernt und der ursprüngliche 1. Klasse-Bereich des Stromrichterwagens der 2. Klasse zugeordnet.

Für die Hochgeschwindigkeitsstrecke zwischen Madrid und Barcelona wurden ICE-3-Züge an die Gegebenheiten der spanische Eisenbahn RENFE angepasst. Seit 2007 sind sie planmäßig als „Velaro E“ im Einsatz. Auch in Russland, Kanada und China sind Nachfolger des ICE 3 unter der Bezeichnung „Velaro“ im Schnellverkehr unterwegs.

TECHNISCHE DATEN	
Länge über Kupplung	
Zug (8-teilig)	200.320 mm
Endwagen	25.835 mm
Mittelwagen	24.775 mm
Achsfolge (Halbzug)	Bo'Bo' + 2'2' + Bo'Bo' + 2'2'
Treibraddurchmesser	920 mm
Laufraddurchmesser	920 mm
Achsstand im Drehgestell	2.500 mm
Gesamter Achsstand	19.875 mm
Dienstmasse (Zug)	405 t
Maximale Radsatzlast	16,6 t
Höchstgeschwindigkeit	330 km/h
Leistung	16 x 500 kW
Motorbauart	Drehstrom-Asynchronmotor
Antriebsart	Stirnradgetriebe, Bogenzahnkupplung
Anfahrzugkraft	300 kN
Stromsystem	15 kV~/16,7 Hz
Indienststellung	2000 – 2001, 2005
Eingesetzt von	DB Fernverkehr

Neben den Einsystemzügen der Baureihe 403 gibt es die Mehrsystemzüge der Baureihe 406

Weil die DB ihre ICE auch in Ländern mit anderen Stromsystemen einsetzen möchte, bestellte sie im Rahmen der ICE-3-Beschaffung Züge, die auch unter Gleichspannung betrieben werden können.

Entwicklung Die 13 Viersystemzüge der Baureihe 406 waren zunächst für Einsätze in die Niederlande vorgesehen, aber auch Brüssel und Paris sind Ziele. Vier Züge gehören der Niederländischen Staatsbahn (NS).

Fahrzeugbau Die achtteiligen Garnituren sind ohne separate Triebköpfe ausgeführt. Die kleinste betriebsfähige Einheit besteht aus vier Wagen. Ein kompletter Zug setzt sich aus vier angetriebenen und vier nicht angetriebenen Wagen zusammen.

Die Untergestelle mussten stabiler als die der Baureihe 403 ausgeführt werden. Sie müssen außer den Wechselstromaggregaten auch die Einrichtungen für den Einsatz unter Gleichstrom aufnehmen. Die Drehgestelle der Bauart SGP 500 sind unter allen Wagen weitgehend baugleich. Ihr Hauptbestandteil ist ein doppelter H-Rahmen aus geschweißten Kastenprofilen. Sie haben primär doppelte Schraubenfederung, sekundär wurden Luftfedern verwendet. Dämpfer und Wankstützen gewährleisten auch bei hohen Geschwindigkeiten einen ruhigen Lauf. Die Züge sind für eine Höchstgeschwindigkeit von 330 km/h vorgesehen.

Die Wagenkästen sind in Leichtmetallbauweise aus Großstrang-Pressprofilen ohne Spriegel hergestellt. Automatische Kupplungen der Bauart Scharfenberg verbinden die einzelnen Wagen miteinander. Die Kupplung und der Übergang werden von einem Wellenbalg umschlossen.

Elektrik Der Antrieb erfolgt durch Drehstrom-Asynchronmotoren (Leistung je 500 kW). Sie übertragen ihr Drehmoment über eine radial und axial bewegliche Bogenzahnkupplung auf das einstufige Radsatzgetriebe.

Der Hauptstromkreis weicht allerdings erheblich von dem des 403 ab. Auf den Wagen 406^1 und 406^6 sind Wechselspannungsabnehmer für DB und ÖBB montiert. Gleichspannungsabnehmer für NS und SNCF befinden sich auf den Wagen 4062 und 4067. Die Abnehmer für das Wechselspannungs-

Die Züge 51 bis 54 der ICE-3-Flotte gehören den niederländischen Eisenbahnen NS

netz der SBB, der SNCF und der SNCB sind auf den Wagen 406[3] und 406[8].

Innenraum Wegen der zusätzlichen Geräte musste die Zahl der Sitzplätze gegenüber der Baureihe 403 verringert werden. Die Endwagen haben z. B. nur 46 Plätze statt 49, weil sich am Wagenende 1 ein großer Geräteschrank befindet.

Die Fahrgäste können es sich auf verstellbaren Einzelsitzen in Großräumen und in geschlossenen Abteilen bequem machen. Ab April 2004 wurden die Fahrzeuge mit einer neuen Klimaanlage ausgerüstet.

Einsatz Die Züge werden überwiegend im Schnellverkehr zwischen Amsterdam und Köln eingesetzt. Sie sind in Frankfurt (Main) beheimatet. Die vier Triebwagen der NS haben ihren Heimatbahnhof in Den Haag, werden aber von der DB gewartet.

Sechs Züge bekamen 2007 die Zulassung für Frankreich und wurden in 406 081/581 ff umgezeichnet. Sie verkehren seither planmäßig zwischen Paris und Frankfurt (Main).

TECHNISCHE DATEN	
Länge über Kupplung	
Zug (8-teilig)	200.320 mm
Endwagen	25.835 mm
Mittelwagen	24.775 mm
Achsfolge (Halbzug)	Bo'Bo' + 2'2' + Bo'Bo' + 2'2'
Treibraddurchmesser	920 mm
Laufraddurchmesser	920 mm
Achsstand im Drehgestell	2.500 mm
Gesamter Achsstand	19.875 mm
Dienstmasse (Zug)	435 t
Maximale Radsatzlast	16,6 t
Höchstgeschwindigkeit	330/220* km/h
Leistung	16 x 500 kW
Motorbauart	Drehstrom-Asynchronmotor
Antriebsart	Stirnradgetriebe, Bogenzahnkupplung
Anfahrzugkraft	300 kN
Stromsysteme	15 kV~/16,7 Hz; 25 kV~/50Hz 1,5 kV=, 3 kV=
Indienststellung	2000 – 2002
Eingesetzt von	DB Fernverkehr, NS

* unter Gleichspannung

Im neuen „Velaro D“ wird es nur noch Großräume geben

Mit dem „Velaro D“ beschafft die Deutsche Bahn eine weitere ICE-Bauart, die den Bestand an ICE-1- bis ICE-3-Zügen ergänzen soll.

Entwicklung Aus den ICE-3 Zügen entwickelte Siemens die flexible „Velaro“-Plattform. Sie ermöglicht die Ausstattung der Züge nach kundenspezifischen Wünschen. Nach den Zügen für Spanien, China und Russland ist der „Velaro D“ (D für Deutschland) die vierte realisierte Variante.

Im Dezember 2008 bestellte die DB AG bei Siemens zunächst 15 achtteilige Mehrsystemzüge im Wert von 495 Mio. Euro für den internationalen Hochgeschwindigkeitsverkehr.

Fahrzeugbau Die bei den ersten Velaros verwendeten Trieb- und Laufdrehgestelle des Typs SF 500 wurden für die deutsche Variante komplett überarbeitet. Die Drehgestelle wurden mit neu dimensionierten Radsatzwellen sowie Fahrwerküberwachungs- und -diagnosesystemen ausgerüstet.

Außer generatorischen Bremsen stehen Wirbelstrombremsen und pneumatische Reibungsbremsen mit Scheibenbremsen zur Verfügung.

Gegenüber den Vorgängern wurde das Dach des Velaro D um 40 cm angehoben, um die Aerodynamik zu verbessern und um Stromabnehmer, Hochspannungsanlagen, Bremswiderstände und Teile der Klimaanlage strömungsgünstiger unterzubringen.

Die Köpfe der Endwagen bestehen aus einer Aluminiumkonstruktion, die für den Einbau vom Crashmodulen für den Aufprallschutz angepasst werden musste. Die Bugklappen sind nicht mehr vertikal geteilt, sondern horizontal, sodass das Vorschieben der Kupplung per Telekopstange entfällt.

Elektrik Hinter dem jeweiligen Führerraum befindet sich anstelle der bisherigen Lounge ein Technikraum, in dem die Komponenten der Steuerungs- und Zugbeeinflussungstechnik untergebracht sind.

Zugkraft und Traktionsleistung wurden für Steigungen von bis zu 40 Promille ausgelegt.

Innenraum Mit 460 Sitzplätzen (davon 111 in der 1. Klasse und 16 im Bistro-

Die ersten Züge sollen zum Fahrplanwechsel im Dezember 2011 in den Planeinsatz gehen

bereich) soll der Velaro D bei mehr Sitzplätzen denselben Sitzkomfort wie der ICE-3 bieten. Um dies zu erreichen, wurden mehrere Geräteschränke neu angeordnet. Außerdem entfielen die Abteile zu Gunsten reiner Großraumwagen.

Einsatz Mitte Januar 2011 begannen im Prüfzentrum Wegberg-Wildenrath Testfahrten mit dem ersten vollständigen Zug.

Der Beginn des Planeinsatzes der Velaro D ist zum Fahrplanwechsel im Dezember 2011 vorgesehen. 2012 sollen dann alle 15 Triebzüge ausgeliefert sein. Im Fahrplanjahr 2012 sollen die Garnituren die bisher vom ICE-3 bedienten Relationen zwischen Frankfurt am Main und Brüssel (über Köln) sowie zwischen Frankfurt am Main und Paris (über Saarbrücken) übernehmen. Darüber hinaus ist ein Einsatz zwischen Frankfurt am Main und Marseille über einen ersten Teilabschnitt der LGV Rhin-Rhone geplant. Ab voraussichtlich Ende 2013 sollen die Velaro D im Eurotunnel nach London fahren.

TECHNISCHE DATEN	
Länge über Kupplung	
Zug (8-teilig)	200.720 mm
Achsfolge (Halbzug)	Bo'Bo' + 2'2' + Bo'Bo' + 2'2'
Treibraddurchmesser	920 mm
Laufraddurchmesser	920 mm
Achsstand im Drehgestell	2.500 mm
Gesamter Achsstand	19.875 mm
Dienstmasse (Zug)	454 t
Maximale Radsatzlast	17 t
Höchstgeschwindigkeit	320, 220* km/h
Leistung	16 x 500 kW
Motorbauart	Drehstrom-Asynchronmotor
Stromsysteme	15 kV~/16,7 Hz; 25 kV~/50Hz 1,5 kV=, 3 kV=
Indienststellung	2009 – 2012
Eingesetzt von	DB Fernverkehr

* unter Gleichspannung

Die Thalys-Züge gehören der DB, der NS, der SNCF und der SNCB

Für den Hochgeschwindigkeitsverkehr zwischen den Städten Paris, Brüssel, Köln und Amsterdam (PBKA) beschafften SNCF, SNCB, DB und NS einen gemeinsamen Fahrzeugtyp.

Entwicklung Die Viersystem-PBKA-Hochgeschwindigkeitszüge sind eine Weiterentwicklung des TGV und werden unter dem Produktnamen „THALYS" vermarktet. Die vier beteiligten Bahnen bestellten 17 Garnituren bei GEC-Alsthom. Davon erhielten die SNCB sieben Einheiten (4311 – 4319), die SNCF sechs (4341 – 4346), die NS zwei (4331 – 4332) und die DB zwei (4321 – 4322). Letztere werden DB-intern als Baureihe 409 geführt.

Fahrzeugbau Eine Zuggarnitur besteht aus zwei Triebköpfen und acht Mittelwagen. Die Mittelwagen sind über Jakobsdrehgestelle miteinander verbunden. Sie bilden somit eine betriebliche Einheit.

Durch seine gerundete Nase ähnelt der Thalys PBKA äußerlich dem TGV Duplex. Technisch betrachtet ist er aber ein Verwandter des TGV Réseau, des TGV der dritten Generation.

Der Thalys ist für den Links- und den Rechtsverkehr ausgelegt. Daher wurde das Führerpult mittig angeordnet. Die wichtigsten Bedienelemente sind auf beiden Seiten vorhanden.

Elektrik Die Dauerleistung beträgt bei 1,5 kV Gleichstrom (Niederlande) und bei 15 kV mit 16 2/3 Hz Wechselstrom (Deutschland) nur 3.680 kW. Bei 3 kV Gleichstrom (Belgien) sind es immerhin 5.210 kW. Damit erreichen sie eine Höchstgeschwindigkeit von 220 km/h. Die zulässigen 300 km/h erreicht der Thalys nur unter 25 kV/50 Hz auf französischen, belgischen und niederländischen Hochgeschwindigkeitsstrecken. Hier beträgt seine Leistung 8.800 kW. Den Antrieb übernehmen acht Wechselstrommotoren.

Abhängig von Geschwindigkeit, Fahrtrichtung und Netz wird die Anpresskraft der Einholm-Stromabnehmer automatisch geregelt. Sie können sich somit an die unterschiedlichen Oberleitungen anpassen.

Der französische TGV Réseau ist die Grundlage für die von GEC Alstom gebauten Züge

Innenraum Fünf Mittelwagen, davon einer mit Bar, sind für die Fahrgäste der Comfortstufe 2 vorgesehen. Die übrigen drei Wagen führen die Comfortstufe 1. Im Wagen 1 befindet sich das Gepäckabteil. Insgesamt bieten die rund 200 m langen Thalys 377 Sitzplätze.

Einsatz Seit dem 14. Dezember 1997 fahren die Thalys PBKA von Paris nach Brüssel und weiter nach Amsterdam bzw. nach Köln.

Inzwischen wurden die Fahrzeuge einer intensiven Auffrischung unterzogen. Sie erhielten eine neue Inneneinrichtung und ein neues Gesicht. Für die neuen grafischen Elemente wurden die bisherigen Thalys-Farben Rot und Silber beibehalten und durch ein dunkleres rot ergänzt. Das Zugpersonal präsentiert sich in neuen Uniformen. Ein neues Service-Konzept wurde eingeführt und es gibt auch Breitband-Internet-Anschluss per Satellitentechnologie.

TECHNISCHE DATEN	
Länge über Kupplung	
Zug (10-teilig)	200.190 mm
Endwagen	22.150 mm
Mittelwagen	21.845, 18.700 mm
Achsfolge	Bo'Bo'+2'(2)'(2)'(2)'(2)'(2)'(2)'(2)'2'+Bo'Bo'
Treibraddurchmesser	920 mm
Laufraddurchmesser	920 mm
Achsstand im Drehgestell	3.000 mm
Gesamter Achsstand	17.000, 21.700 mm
Dienstmasse (Zug)	416 t
Maximale Radsatzlast	17 t
Höchstgeschwindigkeit	300*, 250**, 220*** km/h
Leistung	8 x 1.094*, 8 x 485**, 8 x 640*** kW
Stromsysteme	25 kV/50 Hz; 15 kV/16 2/3 Hz; 1,5 kV=; 3 kV=
Indienststellung	1996 – 1998
Eingesetzt von	THALYS

* (25 kV/50 Hz); ** (15 kV/16 2/3 Hz); *** (1,5 kV= und 3 kV=)

Die beiden angetriebenen Mittelwagen 410 210 und 202 sind Eigentum von Bombardier

Nach den ICE-1- und ICE-2-Zügen, die aus Triebköpfen und nicht angetriebenen Mittelwagen bestehen, änderte die DB beim ICE 3 das Antriebskonzept. Dafür stellte sie den Versuchszug ICE S (S = Schnellfahrt) der Baureihe 410 in Dienst.

Entwicklung Bei den künftigen ICE-Zügen sollten alle Aggregate unter den Böden der Wagen aufgehängt werden. Durch die Verteilung des Antriebs auf mehrere Wagen ergibt sich ein günstigeres Verhältnis zwischen Masse und Beschleunigung, so dass der ICE 3 schnell seine Höchstgeschwindigkeit von 330 km/h erreicht.

Fahrzeugbau Die Triebköpfe stammen aus der Produktion des ICE 2, wurden aber an die Versuchsansprüche angepasst. Weil die Leistung des fünfteiligen ICE S dreimal so hoch ist wie die eines ICE-Triebkopfs, erreicht er eine Spitzengeschwindigkeit von 400 km/h. Zwei Fahrmotoren je Triebgestell treiben den Versuchszug an. Die Bremsen des ICE S bestehen aus drei Systemen:

- Bei der generatorischen Bremse arbeiten die Fahrmotoren als Generatoren und speisen die beim Bremsen frei werdende Energie über den Stromabnehmer zurück in die Oberleitung.
- Die lineare Wirbelstrombremse funktioniert ähnlich wie eine Magnetschienenbremse, allerdings schwebt der Bremsmagnet über dem Gleis. Der Magnet induziert elektrische Felder im Gleis, die den Zug verzögern. Diese Bremse arbeitet praktisch verschleißfrei.
- Die normale Scheibenbremse

Elektrik Um die Bedingungen des ICE 3 zu simulieren, wurden die elektrischen Einrichtungen auf die drei Mittelwagen verteilt. Sie bilden dadurch eine Einheit. Der Haupttransformator ist in einer Bodenwanne des nicht angetriebenen Messwagens aufgehängt. Er bezieht seine Energie über den Stromabnehmer auf dem Dach des Messwagens, kann aber auch über die Hochspannungsdachleitung aus den Triebköpfen versorgt werden.

Die beiden Triebköpfe wurden mit neuen Hochgeschwindigkeits-Stromabnehmern bestückt. Die Stromabnehmer auf dem Mittelwagen 2 sind nicht angeschlossen. Ihre schmalen Schleifstücke eignen sich für den Einsatz im französischen, niederländischen und

Die Triebköpfe des ICE S stammen aus der Serienproduktion der Baureihe 402

belgischen Netz. Für Untersuchungen zur Aerodynamik können sie mit Kameras und Sensoren beobachtet werden. Mit dem neuen „Multi-Vehicle-Bus“ (MVB) und der Zugkommunikation „Train Communication Networks“ (TCN) können neben ständig anfallenden Kontrolldaten auch situationsbezogene Daten aufgezeichnet und übertragen werden.

Innenraum Im Mittelwagen 1, dem sog. „VIP-Wagen“, stehen geladenen Gästen 43 Sitzplätze der 1. Klasse zur Verfügung. Außerdem gibt es hier eine kleine Galley, aus der Snacks und Getränke gereicht werden können.

Im Messwagen werden sämtliche Messdaten gesammelt und zentral bearbeitet. Die ersten Ergebnisse können schon während der Fahrt im Besprechungsabteil erörtert werden. Geräte, die nicht benötigt werden, finden im Lagerraum Platz.

Die DB hat im Mittelwagen 2 einen separaten Raum, um eigene Untersuchungen durchführen zu können.

TECHNISCHE DATEN	
Länge über Kupplung	
Zug (5-teilig)	120.320 mm
Triebkopf	20.560 mm
Mittelwagen	26.400 mm
Achsfolge	Bo'Bo' + Bo'Bo' + 2'2' + Bo'Bo' + Bo'Bo'
Treibraddurchmesser (Triebkopf)	1.030 mm
Treibraddurchmesser (Mittelwagen)	920 mm
Achsstand im Drehgestell (Triebkopf)	3.000 mm
Achsstand im Drehgestell (Mittelwg.)	2.500 mm
Gesamter Achsstand (Triebkopf)	14.460 mm
Dienstmasse (Triebkopf)	78 t
Maximale Radsatzlast (Triebkopf)	16 t
Höchstgeschwindigkeit	440 km/h
Leistung	2 x 4 x 1.200, 2 x 4 x 500* kW
Motorbauart	Drehstrom-Asynchronmotor
Antriebsart	Kardan-Hohlwelle
Anfahrzugkraft	341 kN
Stromsystem	15 kV~/16,7 Hz
Indienststellung	1997
Eingesetzt von	DB Systemtechnik

* angetriebene Mittelwagen

Die ICE-T-Triebzüge lehnen sich in ihrer Form an die ICE-3-Züge an

Für den Einsatz auf Fernstrecken, die nicht für hohe Geschwindigkeiten ausgebaut sind, sind die siebenteiligen, mit Neigetechnik ausgestatteten Triebzüge der Reihe 411 vorgesehen.

Entwicklung Um auch auf Strecken mit teilweise engen Kurvenradien einen Innovationsschub hinsichtlich Komfort- und Fahrzeitgewinn zu erzielen, beschaffte die DB die mit Neigetechnik ausgerüsteten Triebzüge 411 „ICE T".

32 dieser auf dem ICE 3 basierenden Einheiten wurden zwischen 1999 und 2000 abgeliefert. 2004 und 2005 reihte die DB weitere 27 Züge der Baureihe 411 als ICE T2 mit den Nummern 411 051 bis 411 078 in den Bestand ein.

Fahrzeugbau Die Grundkonzeption des ICE T folgt dem italienischen ETR 460. Dessen Hersteller Fiat Ferroviaria ist am IC-Neitech-Konsortium beteiligt.

Der Antrieb der ICE T nutzt die Vorteile der Triebzüge gegenüber der mit den ICE 1 und 2 realisierten Triebkopfvariante: Mehr Sitzplätze bei gleicher Zuglänge, Verteilung der Traktionsleistung auf die gesamte Zuglänge und damit niedrigere Haftwertbeanspruchung des Rad-Schiene-Systems. Die Verteilung der bislang nur in die Triebköpfe eingebauten Einrichtungen über den gesamten Zug hat eine weitgehend gleichmäßige Verteilung der Zuglasten auf alle Achsen zur Folge. Gleichzeitig erhielten die ICE T neuartige Neitech-Drehgestelle, bei denen die Fahrmotoren erstmalig komplett innerhalb der Drehgestelle eingebaut werden konnten.

Elektrik Auch das Leitsystem des ICE T ist neu. Kernstück ist der kabelgestützte Zugbus „WireTrainBus" (WTB). In den Endwagen wurde der WTB über redundante Gateways mit dem Fahrzeugbus nach MVB-Standard gekoppelt (Multifunction Vehicle Bus).

Je drei fest zusammengehörige Wagen bilden ein Basismodul. Sie werden mit Mittel- und Steuerwagen oder mit einem zweiten Basismodul kombiniert.

Die Züge der Baureihe 411 setzen sich aus zwei End- und fünf Mittelwagen zusammen

Beispiel für einen siebenteiligen 411 mit zwei Basismodulen und einem zusätzlichen Mittelwagen:

411⁰ Endwagen, 1. Klasse
411¹ Stromrichterwagen, 1./2. Klasse
411² Fahrmotorwagen, Servicewagen
411⁸ Mittelwagen, 2. Klasse
411⁷ Fahrmotorwagen, 2. Klasse
411⁶ Stromrichterwagen, 2. Klasse
411⁵ Endwagen, 2. Klasse

Einsatz Alle Züge der Baureihe 411 sind in München beheimatet und werden unter anderem zwischen Frankfurt (Main) und Berlin sowie zwischen Düsseldorf und Dresden eingesetzt. Dabei werden oft zwei 411 oder ein 411 und ein 415 zu Doppeleinheiten gekuppelt.

Die Österreichischen Bundesbahnen (ÖBB) übernahmen drei 411 der ersten Bauserie. Sie werden als Baureihe 4011 auf Verbindungen zwischen Wien, Salzburg, Innsbruck, Bregenz, München und Frankfurt (Main) eingesetzt. Diese Züge bekamen eine überarbeite Software. Zudem wurden ein kleiner Mehrzweckbereich mit Ski-Halterungen sowie ein behindertengerechter Bereich eingerichtet.

TECHNISCHE DATEN	
Länge über Kupplung	
Zug (7-teilig)	184.400 mm
Endwagen	27.450 mm
Mittelwagen	25.900 mm
Achsfolge	2'2' + (1A)'(A1)' + (1A)'(A1)' + 2'2' + (1A)'(A1)' + (1A)'(A1)' + 2'2'
Treibraddurchmesser	890 mm
Laufraddurchmesser	890 mm
Achsstand im Drehgestell	2.700 mm
Gesamter Achsstand	21.700 mm
Dienstmasse (Zug)	368*/379** t
Maximale Radsatzlast	16,6 t
Höchstgeschwindigkeit	230 km/h
Leistung	8 x 500 kW
Motorbauart	Drehstrom-Asynchronmotor
Antriebsart	Gelenkwelle mit Stirnradgetriebe
Anfahrzugkraft	200 kN
Stromsystem	15 kV~/16,7 Hz
Indienststellung	1999 – 2005
Eingesetzt von	DB Fernverkehr

Für Strecken mit geringerem Fahrgastaufkommen beschaffte die DB die fünfteilige Baureihe 415

Auf einigen Strecken kann die Sitzplatzkapazität der Baureihe 411 nicht ausgenutzt werden. Dort kommt die fünfteilige Baureihe 415 zum Einsatz.

Entwicklung Die elf Züge der Baureihe 415 wurden gleichzeitig mit den 411 bestellt und 1999 bis 2000 ausgeliefert. Neben ihrem eigenständigen Einsatz fahren sie auch im Zugverband mit der Baureihe 411.

Das Basismodul besteht aus einem Endwagen (415^5), einem Stromrichterwagen (415^6) und einem Mittelwagen (415^7). Ein Mittelwagen mit Bistro (415^1) und ein antriebsloser Endwagen (415^0) ergänzen das Basismodul.

Fahrzeugbau Der Wagenkasten ist ohne Spanten und weitgehend spriegellos aus Aluminium-Strangpressprofilen hergestellt. Seitenwände, Dach, Stirnwände und Kopfbereich sind als Baugruppen hergestellt. Automatische Kupplungen verbinden die einzelnen Wagen miteinander. An den Stirnseiten sind die Kupplungen unter Bugklappen versteckt. Die Drehgestelle mit Schraubenfederung von Alstom Ferrovia wurden weitgehend von den italienischen „Pendolino“-Zügen übernommen. Sie bestehen aus einem geschweißten doppelten H-Rahmen aus Rohr- und Kastenträgern.

Elektrik Die Antriebsmotoren hängen in der Nähe der Drehgestelle unter dem Wagenkasten und übertragen ihr Drehmoment über Gelenkwellen auf die benachbarten Radsätze.

Im Gegensatz zu den Vorgängermodellen konnte die Neigetechnik komplett in den Drehgestellen untergebracht werden. Sie erlaubt eine Neigung der Wagenkästen um 8° nach rechts und links.

Eine generatorische Bremse wandelt die beim Bremsen frei gewordene Energie über die Fahrmotoren in elektrische Energie um und speist sie in die Oberleitung zurück. Diese Bremse wird von einer Magnetschienenbremse und einer Scheibenbremse unterstützt.

Innenraum Im holzbetonten Innenraum stehen den Reisenden in der 1. Klasse Ledersitze zur Verfügung. In der 2. Klasse sind die Sitze mit Velours bezogen. Audio- und Video-Programme

Die Züge der Baureihe 415 werden oft zusammen mit den siebenteiligen Zügen der Baureihe 411 eingesetzt

gehören in der 1. Klasse ebenso zum Standard wie Steckdosen an den Sitzplätzen und die Möglichkeit, Mobiltelefone zu nutzen.

Einen besonderen Ausblick bietet die Lounge hinter dem Cockpit. Von dort können Reisende durch eine Glaswand nach vorn aus dem Zug schauen.

Größeres Gepäck findet in Ablagen an den Wagenübergängen oder in den Einstiegsräumen Platz. Für Rollstuhlfahrer steht eine behindertengerechte Toilette zur Verfügung, außerdem wurden Stellplätze für Rollstühle freigehalten. Der Bistrowagen entspricht dem des ICE 3, allerdings wurde der Restaurantbereich durch Sitzplätze und das Kleinkindabteil ersetzt.

Einsatz Die Baureihe 415 ist in Frankfurt (Main) beheimatet. Für den Schweiz-Einsatz haben die Wagen 415 080 bis 415 084 einen SBB-Stromabnehmer mit schmalem Schleifstück. Weil die kurzen Züge zu wenig Platz boten, wurden sie um zwei Mittelwagen erweitert und in die Baureihe 411 umgezeichnet. Die verkürzten 411 wurden im Gegenzug als 415 eingereiht.

TECHNISCHE DATEN	
Länge über Kupplung	
Zug (5-teilig)	132.600 mm
Endwagen	27.450 mm
Mittelwagen	25.900 mm
Achsfolge	2'2' + (1A)'(A1)' + (1A)'(A1)' + (1A)'(A1)' + 2'2'
Treibraddurchmesser	890 mm
Laufraddurchmesser	890 mm
Achsstand im Drehgestell	2.700 mm
Gesamter Achsstand	21.700 mm
Dienstmasse (Zug)	273 t
Maximale Radsatzlast	16,6 t
Höchstgeschwindigkeit	230 km/h
Leistung	6 x 500 kW
Motorbauart	Drehstrom-Asynchronmotor
Antriebsart	Gelenkwelle mit Stirnradgetriebe
Anfahrzugkraft	150 kN
Stromsystem	15 kV~/16,7 Hz
Indienststellung	1999 – 2001
Eingesetzt von	DB Fernverkehr

Der verkehrsrote Anstrich hat auch bei den S-Bahn-Triebwagen der Baureihe 420 Einzug gehalten

Die Baureihe 420 war lange Zeit in München und Stuttgart sowie dem Rhein-Main- und Rhein-Ruhr-Gebiet nicht wegzudenken. Mehr als 25 Jahre wurden die zuverlässigen Triebzüge gebaut.

Entwicklung Für das 1972 in München eingerichtete S-Bahn-Netz wurde die dreiteilige Baureihe 420 konzipiert.

Von 1969 bis 1997 lieferte die Industrie fast 480 Züge, deren Endwagen die Nummern 420 001/501 bis 390/890 und 400/900 bis 489/989 erhielten, während die Mittelwagen als 421 001 – 390 und 400 – 498 eingereiht wurden.

Fahrzeugbau Die Kästen sind in Aluminiumleichtbauweise erstellt, bei der ersten Bauserie teilweise auch in Stahlleichtbauweise. Sie bilden zusammen mit dem Untergestell eine verschweißte, selbsttragende Röhrenkonstruktion. Die unter allen Wagen angeordneten Bodenwannen tragen die elektrischen Aggregate. Zwischen den einzelnen Wagen gibt es keine Übergangsmöglichkeit.

Die Kästen stützen sich über eine niveaugeregelte Luftfederung auf die zweiachsigen Drehgestelle ab, wobei die Radsätze selbst schraubengefedert sind. Die Zug- und Stoßkräfte zwischen Wagenkasten und Drehgestell werden über zweiarmige Mitnehmerhebel mit Stoßdämpfern übertragen.

Die Fahrzeuge einer Garnitur sind über Kurzkupplungen und Dämpfungspuffer miteinander verbunden, während an den Zugenden automatische Scharfenbergkupplungen vorhanden sind.

Elektrik Der Einholmstromabnehmer leitet die Fahrdraht-Spannung über einen Transformator zu den Fahrmotoren. Alle Radsätze sind angetrieben, so dass die Fahrzeuge zügig beschleunigen können. Sifa, Indusi und Zugbahnfunk gehören zur Standardausstattung. Vielfachtraktion wird in allen Einsatzgebieten praktiziert.

Innenraum Die Fahrgasträume der 2. Klasse weisen eine 2+2-Bestuhlung mit 179 Plätzen auf. Die erste Klasse bietet weitere 17 Plätze. In München wurden diese als 2. Klasse mitgenutzt, weil die 1. Klasse dort entfiel. Ab 1995 wurden die Innenräume der Züge mo-

Um die 420 auf den aktuellen Stand zu bringen, wurden zunächst zwei Züge grundlegend modernisiert

dernisiert und mit stoffbezogenen Sitzen ausgestattet.

Einsatz Die in Frankfurt (Main) und Plochingen beheimateten Züge gehören der DB Regio und werden in den dortigen S-Bahn-Netzen eingesetzt.

Inzwischen wurden viele Züge, besonders der ersten Bauserien, durch die Wagen der Baureihe 423 ersetzt und sind ausgeschieden. Einige konnten nach Schweden verkauft werden und waren im Stockholmer S-Bahn-Netz im Einsatz.

Mit den Zügen 400 und 416 wurde im Herbst 2005 der „ET 420 plus" vorgestellt. Die Inneneinrichtung dieser modernisierten Wagen lehnt sich an die Baureihe 423 an. Die Züge bekamen neue Fenster und eine Klimaanlage. Deren Aufbauten auf den Wagendächern veränderten das Aussehen der Fahrzeuge erheblich. Fenster in den Stirnwänden und eine Videoüberwachung sollen die Sicherheit in den Fahrgasträumen erhöhen. Die umgebauten Züge sind für die S-Bahn in Stuttgart vorgesehen. Inzwischen hat sich die S-Bahn Stuttgart aber für Neubau-Triebwagen entschieden, so dass die „ET 420 Plus" Einzelstücke bleiben werden.

420 001 trägt den ursprünglichen Anstrich und gehört dem DB Museum.

TECHNISCHE DATEN	
Länge über Kupplung	
Zug	67.400 mm
Endwagen	23.300 mm
Mittelwagen	20.800 mm
Achsfolge	Bo'Bo' + Bo'Bo' + Bo'Bo'
Treibraddurchmesser	850 mm
Achsstand im Drehgestell	2.500 mm
Gesamter Achsstand	
Endwagen	19.000 mm
Mittelwagen	16.500 mm
Dienstmasse (Zug)	129*; 149 t
Maximale Radsatzlast	16 t
Höchstgeschwindigkeit	120 km/h
Leistung	12 x 200 kW
Motorbauart	4-poliger Mischstrommotor
Antriebsart	Tatzlager
Anfahrzugkraft	180 kN
Stromsystem	15 kV~/16,7 Hz
Indienststellung	1969 – 1981, 1990 – 1997
Eingesetzt von	S-Bahn Rhein/Main, Stuttgart
* ab Zug 131 (Endwagen in Alubauweise)	

Die Triebwagen der Baureihe 422 fahren ausschließlich im Rhein-Ruhr-Gebiet

Mit der Baureihe 422 nahm die DB AG ab 2008 den ersten Nachfolger der S-Bahn-Baureihe 423 in Dienst. Die neuen Züge sind zunächst für den Einsatz im Rhein/Ruhr-Gebiet vorgesehen.

Entwicklung Der Auftrag für die Fahrzeuge ging 2005 an Alstom/Bombardier und umfasste ein Volumen von knapp 400 Millionen Euro. Zwischen März 2008 und Oktober 2010 wurden 84 vierteilige Züge ausgeliefert. Bombardier fertigte 26 Züge in Hennigsdorf, die übrigen Züge kamen von Alstom aus Salzgitter.

Fahrzeugbau Technisch ähnelt der neue S-Bahn-Zug stark der Vorgängerbaureihe 423. So wurde wieder ein Laufwerk mit zwei Enddrehgestellen und drei Jakobsdrehgestellen gewählt. Im Gegensatz zum 423 bekamen die nicht angetriebenen Jakobsdrehgestelle neben der Radscheibenbremse eine Magnetschienenbremse. Die Bremssteuerung wurde auf den neuesten Stand gebracht.

Die Wagenkästen sind aus Aluminiumprofilen in Leichtbauweise hergestellt und an den Kopfseiten um eine Frontpartie ergänzt, die nach den aktuellen Vorgaben zur Verminderung von Schäden bei Unfällen entwickelt wurde.

Als Einstiege sind auf beiden Seiten des Triebwagens je zwölf doppelflügelige Schiebetüren angeordnet. Sie sind breiter als bei der Baureihe 423, um einen schnelleren Fahrgastwechsel zu ermöglichen. Die beiden Endführerräume können durch Drehtüren von außen oder vom angrenzenden Fahrgastraum betreten werden.

Die Fenster in den Fahrgasträumen können nicht geöffnet werden.

Elektrik Wie bei den Vorgängern wurde die elektrische Einrichtung unter dem Wagenboden und auf dem Dach eingebaut. Damit konnte der Fußboden durchgehend eben ausgeführt werden.

Über den Einholmstromabnehmer gelangt die elektrische Energie zu den beiden Transformatoren und weiter zu den Fahrmotoren. Von dort wird die

S-Bahn-Triebwagen 422, 432

Besonders die Kopfform unterscheidet die Baureihe 422 von den Vorgängern der Baureihe 423

Leistung über einen teilabgefederten Querantrieb mit zweistufigem Getriebe auf die Radsätze übertragen.

Die Bordelektronik wurde um die Bombardier-Fahrzeugsteuerung (MITRAC) und das neue Zugbeeinflussungssystem EBI Cab 500 PZB ergänzt.

Innenraum Der Innenraum ist mit offenen Vis-a-vis-Abteilen und großen Stehflächen an den Einstiegsräumen gestaltet. Wie die Baureihe 440 bekamen die 422 die neuen, bequemen Sitze der Firma Grammer. Die 1. Klasse ist hinter den beiden Führerräumen zu finden. Auf Toiletten wurde, wie bei S-Bahn-Fahrzeugen üblich, verzichtet. Glastrennwände vermindern Zugluft bei geöffneten Türen.

Fahrziel- und Stationsanzeigen sowie eine Lautsprecheranlage vervollständigen die Ausstattung.

Einsatz Die Triebzüge werden nur im S-Bahn-Betrieb im Rhein-Ruhr-Gebiet eingesetzt. Sie haben mit Lokomotiven bespannte Züge sowie ältere S-Bahn-Triebwagen der Baureihe 420 abgelöst. 2011 werden sie auf bevorzugt auf den Linien S1 (Solingen – Duisburg – Dortmund), S2 (Essen/Duisburg/Recklinghausen – Dortmund), S3 (Hattingen Mitte – Oberhausen), S5 (Hagen – Dortmund), S8 (Hagen – Mönchengladbach) und S9 (Wuppertal – Haltern am See) eingesetzt.

TECHNISCHE DATEN	
Länge über Kupplung	
Zug	69.432 mm
Achsfolge	Bo'Bo'2'Bo'Bo'
Achsstand im Drehgestell	
Enddrehgestelle	2.200 mm
Jakobsdrehgestelle	2.700 mm
Dienstmasse (Zug)	108 t
Maximale Radsatzlast	18 t
Höchstgeschwindigkeit	140 km/h
Leistung	8 x 293,75 kW
Motorbauart	Drehstrom-Asynchronmotor
Antrieb	Querantrieb, zweistufiges Getriebe
Stromsystem	15 kV~/16,7 Hz
Indienststellung	2008 – 2010
Eingesetzt von	S-Bahn Rhein-Ruhr

Die einzelnen Teile der S-Bahn-Triebwagen der Baureihe 423/433 sind mit Stirnübergängen verbunden

Ende der 1990er-Jahre mussten die ersten S-Bahn-Züge der Baureihe 420 ersetzt werden. Die DB entschied sich für eine vollständige Neukonstruktion in Form der Baureihe 423/433.

Entwicklung Als Randbedingung war unter anderem die vorhandene Infrastruktur zu beachten, z. B. die Bahnsteiglängen und -höhen. Zunächst bestellte die DB bei ADtranz und LHB in Salzgitter 190 Triebwagen, die ab 1998 ausgeliefert wurden. Während den Endwagen die Bauartnummern 423^0 und 423^5 zugewiesen wurde, bekamen die ebenfalls angetriebenen Mittelteile die Baureihennummern 433^0 und 433^5.

Fahrzeugbau Jakobsdrehgestelle und Stirnübergänge verbinden die einzelnen Elemente der vierteiligen Züge miteinander. So können sich die Fahrgäste über den gesamten Zug verteilen.

Die geschweißten Wagenkästen sind in Alu-Leichtbauweise aus Groß-Strangpressprofilen hergestellt. Pro Zugteil und Seite ermöglichen drei große, doppelflügelige Schiebetüren mit Türschließautomatik den zügigen Fahrgastwechsel. Die beiden separaten Endführerräume sind durch Drehtüren von außen oder vom angrenzenden Fahrgastraum her zugänglich.

Luftfedern ohne direkte Wiege verbinden die Wagenkästen mit den Drehgestellen. Die Enddrehgestelle weisen einen Achsstand von 2.200 mm auf, bei den mittleren Jakobsdrehgestellen beträgt er 2.700 mm. Die Primärfederung erfolgt über Gummischichtfedern. Beschleunigungs- und Bremskräfte werden über eine Tiefanlenkung übertragen.

Elektrik Die elektrische Ausrüstung konnte vollständig unter dem Wagenkasten und auf dem Dach angeordnet werden. Der Einholmstromabnehmer der Bauart DSA 350 SEK befindet sich in der Mitte der Züge.

Jeweils zwei Zugteile sind mit einem eigenen Transformator ausgestattet, der die Energie an die Drehstrom-Asynchron-Motoren mit Tatzlagerantrieb weiterleitet.

Die Züge haben ein Fahrgastinformationssystem (FIS), mit dem Fahrziel und die nächste Haltestelle anzeigt sowie die nächste Haltestelle und die Seite des Ausstiegs angesagt werden.

S-Bahn-Triebwagen 423, 433

Jakobsdrehgestelle zwischen den einzelnen Teilen machen eine Trennung im Betrieb unmöglich

Innenraum Der Innenraum besteht aus einem durchgehenden Großraum 2. Klasse mit einer Trenntür in der Zugmitte und zwei 1.-Klasse-Abteilen hinter den Führerräumen. Die S-Bahn München verzichtete auf die 1. Klasse.

Die offenen Abteile haben eine 2+2-Sitzanordnung mit gepolsterten Sitzen, Kopflehnen und Gepäckablagen über den Fenstern.

Wie bei S-Bahn-Zügen üblich, haben die Fahrzeuge keine Toiletten.

Luftbehandlungsgeräte sollen für ein angenehmes Klima im Inneren sorgen.

Wegen der kurzen Wagenteile konnten die Wagenkästen breiter ausgeführt werden, was dem Komfort in den Fahrgasträumen zugute kommt.

Einsatz Die verkehrsroten Triebwagen werden als Kurz- (1 Zug), Voll- (2 Züge) und Langzüge (3 Züge) eingesetzt. Sie sind auf den S-Bahn-Strecken rund um Stuttgart, im Rhein-Ruhr-Gebiet, im Großraum München und im Rhein-Main-Gebiet unterwegs.

TECHNISCHE DATEN	
Länge über Kupplung	
Zug	67.400 mm
Endwagen	18.245 mm
Mittelwagen	15.505 mm
Achsfolge	Bo'Bo'2'Bo'Bo'
Treibraddurchmesser	850 mm
Laufraddurchmesser	850 mm
Achsstand im Drehgestell	
Enddrehgestelle	2.200 mm
Jakobsdrehgestelle	2.700 mm
Gesamter Achsstand	
Endwagen	17.820 mm
Mittelwagen	18.205 mm
Dienstmasse (Zug)	108 t
Maximale Radsatzlast	18 t
Höchstgeschwindigkeit	140 km/h
Leistung	8 x 293,75 kW
Motorbauart	Drehstrom-Asynchronmotor
Antrieb	Stirnradgetriebe, Keilpaketkupplung
Anfahrzugkraft	130 kN
Stromsystem	15 kV~/16,7 Hz
Indienststellung	seit 1999
Eingesetzt von	S-Bahnen

Die Aufteilung des Innenraums und die Fensteranordnung entsprechen der Regionalbahn-Baureihe 425

Für die unterschiedlichen Ballungsgebiete beschaffte die DB S-Bahn-Züge, die speziell auf die jeweiligen Betriebsbedingungen zugeschnitten sind.

Entwicklung So entstand neben der Baureihe 423, die in mehreren S-Bahn-Netzen eingesetzt wird, eine eigene Baureihe für Hannover. Sie wird in den Listen der DB als Baureihe 424/434 geführt. Der entscheidende Unterschied zur Baureihe 423 besteht in der geringeren Zahl von Einstiegstüren und der Einstiegshöhe von nur 798 mm über der Schienenoberkante (SO). Von Bahnsteigen, die nur 760 mm über SO liegen, sind diese Wagen über Trittstufen zu erreichen, die beim Öffnen der Türen automatisch herausfahren.

Fahrzeugbau Die Wagenkästen entsprechen in ihrem Aufbau den anderen Triebwagen dieser Familie. Allerdings sind sie nur 2.840 mm breit statt der sonst üblichen 3.020 mm. Jede Wagenseite verfügt über zwei zweiflügelige Schwenkschiebetüren mit einer Klapptrittstufe. Die festen Fenster sind tiefer angeordnet als bei der Baureihe 423.

Wegen der geringeren Fußbodenhöhe mussten die elektrischen Einrichtungen neu konstruiert werden. Dabei ergaben sich so große Abweichungen, dass die Züge mit der Baureihe 423 nur mechanisch (über eine automatische Scharfenbergkupplung), nicht aber elektrisch gekuppelt werden können.

Elektrik Auf dem Dach eines Mittelwagens befindet sich ein Einholmstromabnehmer der Bauart DSA 350 SEK. Zudem sind hier die Aggregate der Klimaanlage zu finden. Ein 32-bit-Mikroprozessor übernimmt die Steuerung der Fahrzeuge.

Innenraum Die Innenräume sind als durchgängige Großräume mit Faltenbalgübergängen zwischen den Wagenteilen ausgeführt. Die offenen Abteile sind mit Vis-à-vis-Bestuhlung ausge-

S-Bahn-Triebwagen (Hannover) 424, 434

Die Baureihe 424 ist für den S-Bahn-Verkehr rund um Hannover vorgesehen

stattet. An den Wagenenden wurden Mehrzweckräume mit Klappsitzen und die 1.-Klasse-Abteile angeordnet. Im Endwagen 1 ist eine behindertengerechte Vakuum-Toilette untergebracht. Insgesamt stehen den Reisenden 206 Sitzplätze zur Verfügung, 24 davon entfallen auf die 1. Klasse. 152 Sitze der 2. Klasse sind fest montiert, 30 als Klappsitze ausgeführt.

Einsatz Alle 40 verkehrsroten Triebwagen werden in Hannover im S-Bahn-Verkehr eingesetzt.

Ursprünglich sollten sie zur EXPO 2000 in Betrieb gehen. Die unter dem Wagenkasten aufgehängten Transformatoren verursachten aber Störungen an der Signal- und Sicherungstechnik, die zuerst behoben werden mussten.

Seit 2003 bekommen die Triebwagen Namen von Städten aus dem S-Bahn-Netz Hannover. Die Namen sind samt Stadtwappen an beiden Enden der Züge angebracht.

TECHNISCHE DATEN	
Länge über Kupplung	
Zug	67.500 mm
Endwagen	18.245 mm
Mittelwagen	15.505 mm
Achsfolge	Bo'Bo'2'Bo'Bo'
Treibraddurchmesser	850 mm
Laufraddurchmesser	850 mm
Achsstand im Drehgestell	
Enddrehgestelle	2.200 mm
Jakobsdrehgestelle	2.700 mm
Gesamter Achsstand	
Endwagen	17.820 mm
Mittelwagen	18.205 mm
Dienstmasse (Zug)	108 t
Maximale Radsatzlast	18 t
Höchstgeschwindigkeit	140 km/h
Leistung	8 x 293,75 kW
Motorbauart	Drehstrom-Asynchronmotor
Antrieb	Stirnradgetriebe, Keilpaketkupplung
Anfahrzugkraft	130 kN
Stromsystem	15 kV~/16,7 Hz
Indienststellung	2001 – 2002
Eingesetzt von	S-Bahn Hannover

Die Triebwagen der Baureihe ET 25 wurden Mitte der 1930er-Jahre für den Vorortverkehr beschafft

Für den Vorortverkehr beschaffte die Deutsche Reichsbahn ab 1935 die zweiteiligen Elektro-Triebwagen der Bauart ET 25 mit den zugehörigen Steuerwagen der Bauart ES 25.

Entwicklung Nach dem Zweiten Weltkrieg konnte die DB nicht auf die in Westdeutschland verbliebenen Triebwagen verzichten und setzte sie wieder instand.

Ende der 1950er-Jahre waren die Züge aber so stark abgefahren, dass eine Entscheidung über Abstellung oder Weiterbetrieb getroffen werden musste. Die DB entschloss sich für Letzteres und schickte die Züge ins Ausbesserungswerk Stuttgart-Bad Cannstatt. Dort bekamen sie unter anderem neue Wagenenden. Die Steuerwagen, die bisher an die zweiteiligen Züge angehängt worden waren, wurden als Mittelwagen in die Züge integriert. Der Umbau begann in der ersten Hälfte der 1960er-Jahre. 1968 hatte die DB 17 aufgearbeitete Triebwagen der Baureihe 425 im Bestand.

Fahrzeugbau Die vollständig geschweißten Drehgestelle gehören zur Bauart Görlitz III leicht.

Untergestell und Wagenkasten sind aus unterschiedlichen Profilträgern und Blechen zusammengeschweißt.

Einfache und doppelte Schiebetüren mit elektropneumatischer Schließeinrichtung und innen liegenden Trittstufen ermöglichen einen schnellen Fahrgastwechsel.

Elektrik Die meisten elektrischen Einrichtungen befinden sich in den beiden Endwagen. Hier sind auch die Stromabnehmer montiert.

Der Haupttransformator ist unter dem Wagenboden aufgehängt, so dass kein Traforaum nötig ist.

Achtpolige Wechselstrom-Reihenschlussmotoren mit Tatzlagerantrieben in den Enddrehgestellen beschleuni-

Die SVG setzt den Zug 425 120/420 im Plan- und Sonderdienst ein

gen den Zug bis zu einer Geschwindigkeit von 120 km/h.

Mit der Vielfachsteuerung können bis zu drei Züge von einem Führerpult aus bedient werden.

Innenraum Alle Wagen haben Großräume mit offenen Vis-a-vis-Abteilen für die 2. Klasse. In einem Endwagen ist hinter dem Führerraum ein 1.-Klasse-Bereich mit drei geschlossenen Abteilen und Seitengang eingerichtet. Im anderen Endwagen befindet ein Gepäckabteil hinter dem Führerraum.

Einsatz Der einzige zur Zeit betriebsfähige Triebwagen, die dreiteilige Garnitur 425 120/825 120/425 420 gehört der Schienenverkehrsgesellschaft, in Stuttgart. Außer zu Sonderfahrten wird er im Sommer an Sonn- und Feiertagen planmäßig als „Enztäler-Radexpress" zwischen Stuttgart und Bad Wildbad eingesetzt. Er nimmt bei diesen Einsätzen einen in der Farbe des Triebwagens lackierten Fahrradwagen mit.

TECHNISCHE DATEN	
Länge über Puffer	
Zug	66.270 mm
Endwagen	22.130 mm
Mittelwagen	22.010 mm
Achsfolge	Bo'2' + 2'2' + 2'Bo'
Treibraddurchmesser	950 mm
Laufraddurchmesser	950 mm
Achsstand im Drehgestell	
Triebdrehgestell	3.600 mm
Laufdrehgestell	3.000 mm
Gesamter Achsstand	
Endwagen	17.200 mm
Mittelwagen	16.900 mm
Dienstmasse (Zug)	1278 t
Maximale Radsatzlast	17,6 t
Höchstgeschwindigkeit	120 km/h
Leistung	920 kW
Motorbauart	Reihenschlussmotor
Antrieb	Tatzlager
Anfahrzugkraft	80 kN
Stromsystem	15 kV~/16,7 Hz
Indienststellung	1963 – 1966
Eingesetzt von	SVG

Die vierteiligen Triebwagen der Baureihe 425 sind für den Regionalverkehr konzipiert

Die dritte Baureihe der neuen elektrischen Triebwagen ist für den Regionalverkehr vorgesehen und weist entsprechende Merkmale in Aufbau und Gestaltung auf.

Entwicklung So wurde die Anzahl der Türen verringert, eine Toilette eingebaut und die Höchstgeschwindigkeit der Züge auf 160 km/h erhöht. Bei den Einstiegen musste mit einer zusätzlichen Trittstufe den unterschiedlichen Bahnsteighöhen Rechnung getragen werden.

Fahrzeugbau Für die Wagenkästen wurden Strangpressprofile aus Aluminium verwendet. Beim Bau kamen sämtliche Regeln der Leichtbauweise zur Anwendung. Zwei Doppelschiebetüren mit Türschließautomatik und Warneinrichtungen stehen den Reisenden pro Wagen und Seite zur Verfügung. Die Fußbodenhöhe beträgt in den Fahrgasträumen 798 mm. An den Türen befinden sich 580 mm hohe, feste Trittstufen.

Die beiden Endwagen haben jeweils an einem Ende einen geschlossenen Führerraum, der sowohl von den Längsseiten als auch vom Fahrgastraum aus betreten werden kann. Die Seitenfenster sind fest mit dem Wagenkasten verbunden. Bei wenigen Fenstern kann das Oberteil nach innen geklappt werden.

Luftgefederte Drehgestelle sollen für einen einen ruhigen Lauf sorgen. Die inneren Jakobsdrehgestelle tragen je zwei Wagenkästen und stellen somit die Verbindung zwischen den einzelnen Wagenteilen her. Die Übergänge zwischen den einzelnen Wagenteilen werden durch Faltenbälge gesichert. An den Stirnseiten der Endwagen befinden sich Kupplungen der Bauart Scharfenberg, mit denen mehrere Triebwagen mechanisch und elektrisch zu einer Einheit gekuppelt werden können.

Elektrik Für den Antrieb sorgen schnell laufende Asynchron-Fahrmotoren. Sie verfügen über einen modifizierten Tatzlagerantrieb und übertragen ihr Drehmoment über eine Gummikupplung auf ein zweistufiges Getriebe und weiter auf die Radsätze.

Sämtliche Aggregate der elektrischen Ausrüstung sind unterflur angeordnet. Die Rückkühler der Klimaanlage befinden sich auf dem Wagendach. Über Wärmetauscher kann die Abwär-

Die 425^0 unterscheiden sich durch ihre Höchstgeschwindigkeit (160 km/h) von den S-Bahn-Triebwagen

me der Fahrmotoren und der Stromrichter zum Heizen genutzt werden.

Die LZB ermöglicht den Einsatz der Wagen bis 160 km/h.

Über eine Lautsprecheranlage und Matrixanzeigen werden Informationen an die Reisenden weitergegeben.

Innenraum Der Großraum hat offene Abteile in Vis-à-vis-Anordnung. Die Sitze sind fest montiert und mit Stoff bezogen. Über den Fenstern befinden sich Längsgepäckablagen. In einem Mehrzweckraum ist eine Vakuum-Toilette untergebracht.

Einsatz Eingesetzt werden die Wagen im Regionalverkehr zwischen verschiedenen Ballungszentren. Die Züge sind in Essen, Frankfurt (Main), Ludwigshafen, Köln, Magdeburg, München, Münster, Plochingen und Trier beheimatet.

Im Dezember 2003 ging die S-Bahn im Raum Mannheim – Ludwigshafen in Betrieb. Hier wird überwiegend die Unterbaureihe 425^2 eingesetzt. Die meisten Wagen der Unterbaureihe 425^3 sind in Plochingen und Bremen beheimatet.

TECHNISCHE DATEN	
Länge über Kupplung	
Zug	67.500 mm
Endwagen	18.245 mm
Mittelwagen	15.505 mm
Achsfolge	Bo'Bo'2'Bo'Bo'
Treibraddurchmesser	850 mm
Laufraddurchmesser	850 mm
Achsstand im Drehgestell	
Enddrehgestelle	2.200 mm
Jakobsdrehgestelle	2.700 mm
Gesamter Achsstand	
Endwagen	17.820 mm
Mittelwagen	18.205 mm
Dienstmasse (Zug)	111 t
Maximale Radsatzlast	18 t
Höchstgeschwindigkeit	140; 160* km/h
Leistung	8 x 293,75 kW
Motorbauart	Drehstrom-Asynchronmotor
Antrieb	Stirnradgetriebe, Keilpaketkupplung
Anfahrzugkraft	130 kN
Stromsystem	15 kV~/16,7 Hz
Indienststellung	2001 – 2005
Eingesetzt von	DB Regio, S-Bahnen

* mit LZB

Die Triebwagen der Reihe 426 unterscheiden sich durch die fehlenden Mittelwagen von der Baureihe 425

Für schwach frequentierte Regionalstrecken beschaffte die DB ab 1999 eine zweiteilige Variante der Baureihe 425.

Entwicklung Die Baureihe 426 entstand in Zusammenarbeit zwischen ADtranz, Siemens und der DB. Bombardier-DWA zeichnete für den wagenbaulichen Teil verantwortlich.

Wie bei allen Triebwagen der Baureihen 423 bis 426 trägt ein Teil die Betriebsnummer 426^0. Der andere hat die Nummer 426^5.

Fahrzeugbau Der zweiteilige Triebwagen besteht aus fast baugleichen Hälften, die über ein Jakobsdrehgestell und einen Übergang für die Reisenden miteinander verbunden sind.

Für die Wagenkästen wurden Aluminium-Strangpressprofile in Leichtbauweise verwendet. Die Köpfe der Führerstände sind aus glasfaserverstärktem Kunststoff gefertigt und mit den Kästen verschraubt und verklebt.

Die Doppelschiebetüren haben ein Warnsystem und eine Türschließanlage. Die Seitenfenster können nicht geöffnet werden.

Drei luftgefederte Drehgestelle sollen für einen ruhigen Lauf sorgen. In der Mitte stützen sich beide Wagenkästen auf das tief angelenkte, wiegen- und antriebslose Jakobsdrehgestell.

An den Stirnseiten befinden sich Kupplungen der Bauart Scharfenberg, mit denen mehrere Triebwagen zu einer Einheit gekuppelt werden können. Durch die Mehrfachsteuerung lassen sich alle Wagen von einem Führerstand aus steuern. Die Fahrzeuge können auch gemeinsam mit den Triebwagen der Baureihe 425 eingesetzt werden.

Elektrik Die flüssigkeitsgekühlten Asynchron-Fahrmotoren mit modifiziertem Tatzlagerantrieb übertragen ihr Drehmoment über eine Gummikupplung auf ein Getriebe und auf die Radsätze. Die extra flach ausgeführten elektrischen Aggregate wie Transformatoren oder Stromrichter sind unterflur angeordnet. Die Kühler der Klimaanlage befinden sich auf dem Dach.

Die zweiteiligen Wagen werden auf schwach frequentierten Strecken im Regionalverkehr eingesetzt

Ein Einholmstromabnehmer der Bauart DSA 350 SEK versorgt den Zug mit elektrischer Energie aus der Oberleitung. Über eine Lautsprecheranlage und Matrixanzeigen können Informationen an die Reisenden weitergegeben werden.

Innenraum Im Großraum befinden sich offene Abteile mit stoffbezogenen Sitzen in Vis-à-vis-Anordnung. Über den Fenstern sind Längsgepäckablagen montiert. Am vorderen Ende des 426⁰ ist ein 1.-Klasse-Abteil zu finden. Wie beim 425 ist auch in den 426 eine Toilette vorhanden.

Einsatz Die 42 Triebwagen sind auf wenig frequentierten Strecken oder in Tagesrandlagen von den Werken Essen, Frankfurt (Main), München, Münster, Plochingen und Trier aus unterwegs. Der Zug 426 011/511 ist nach einem Unfall im April 2004 im Bf Süßen aus dem Betriebsbestand ausgeschieden und wurde verschrottet.

TECHNISCHE DATEN	
Länge über Kupplung	
Zug	36.490 mm
Endwagen	18.245 mm
Achsfolge	Bo'2'Bo'
Treibraddurchmesser	850 mm
Laufraddurchmesser	850 mm
Achsstand im Drehgestell	
Enddrehgestelle	2.200 mm
Jakobsdrehgestelle	2.700 mm
Gesamter Achsstand	18.205 mm
Dienstmasse (Zug)	63,2 t
Maximale Radsatzlast	18 t
Höchstgeschwindigkeit	140; 160* km/h
Leistung	4 x 293,75 kW
Motorbauart	Drehstrom-Asynchronmotor
Antriebsart	Stirnradgetriebe, Keilpaketkupplung
Anfahrzugkraft	65 kN
Stromsystem	15 kV~/16,7 Hz
Indienststellung	2001 – 2002
Eingesetzt von	DB Regio
* mit LZB	

Die Triebwagen der Baureihe 426[1] bis 428 stammen aus dem „FLIRT"-Programm der Firma Stadler

Mit den „FLIRT" bietet der Schweizer Fahrzeughersteller Stadler Rail elektrische Nahverkehrs-Triebzüge an, die von DB Regio und mehreren Privatbahnen in Deutschland gekauft wurden

Entwicklung Um auf dem internationalen Markt für leichte Schienenfahrzeuge konkurrenzfähig zu sein, bietet der Schweizer Fahrzeughersteller Stadler Rail AG mit dem „FLIRT" (**F**linker **L**eichter **I**nnovativer **R**egional-**T**riebzug) seit 2004 einen Triebzug an, der in unterschiedlichen Ausführungen geliefert werden kann.

TECHNISCHE DATEN (426)	
Länge über Kupplung (Zug)	42.066 mm
Achsfolge	Bo'2'2'
Treibraddurchmesser	860 mm
Laufraddurchmesser	750 mm
Achsstand im Drehgestell	2.700 mm
Dienstmasse (Zug)	76.000 kg
Höchstgeschwindigkeit	160 km/h
Leistung	1.000 kW
Anfahrzugkraft	100 kN
Stromsystem	15 kV~/16,7 Hz
Indienststellung	seit 2006
Eingesetzt von	ABRN

Die Fahrzeuge sind als zwei- bis sechsteilige Einheiten zu haben. In Deutschland haben sich mehrere private Einsteller und die DB Regio Nordost zur Beschaffung solcher Wagen entschlossen. Bisher wurden nur zwei- bis fünfteilige Züge ausgeliefert.

Im nationalen Fahrzeugregister wurden den Fahrzeugen folgende Baureihennummern zugewiesen:

- 426: zweiteiliger Zug
- 427: dreiteiliger Zug
- 428: vierteiliger Zug
- 429: fünfteiliger Zug.

Die sechsteilige Variante ist in Deutschland noch nicht anzutreffen und hat noch keine Baureihennummer.

Fahrzeugbau Während bei den zweiteiligen Zügen nur ein Enddrehgestell angetrieben ist, werden bei den längeren Einheiten beide Enddrehgestelle für den Vortrieb genutzt. Die einzelnen Wagenteile sind über Jakobs-Laufdrehgestelle miteinander verbunden. Alle Drehgestelle sind luftgefedert.

Die Kästen aus Aluminium-Strangpressprofilen wurden von außen beblecht. Die Kopfpartien sind aus GfK-Teilen gefertigt.

Bisher hat nur Abellio zweiteilige Züge der Baureihe 426 im Einsatz

Der Fahrgastraum konnte zum Großteil niederflurig ausgeführt werden. Lediglich in den Endbereichen über den Antriebsdrehgestellen musste der Fußboden etwas erhöht werden. Dieser Bereich ist über eine Stufe zu erreichen.

Jeder Wagenteil hat auf jeder Seite eine doppelflügelige Schiebetür mit Übergangsbrücke.

Mit automatischen Mittelpufferkupplungen der Bauart Scharfenberg an beiden Enden der Triebzüge können Einheiten aus mehreren Zügen gebildet werden.

Elektrik Die redundant ausgeführte Antriebstechnik aus vier Strängen ist mit IGBT-Stromrichtern bestückt. Zugbus, Fahrzeugbus und Diagnoserechner vervollständigen die Ausstattung.

TECHNISCHE DATEN (427)	
Länge über Kupplung (Zug)	58.178 mm
Achsfolge	Bo'2'2'Bo'
Treibraddurchmesser	860 mm
Laufraddurchmesser	750 mm
Achsstand im Drehgestell	2.700 mm
Dienstmasse (Zug)	101.600 kg
Höchstgeschwindigkeit	160 km/h
Leistung	2.000 kW
Anfahrzugkraft	200 kN
Stromsystem	15 kV~/16,7 Hz
Indienststellung	ab 2004
Eingesetzt von	ABRN, CAN, HEB, RGB, VIAS, WFB,

Die Züge der BLB sind im Berchtesgadener Land in Deutschland und Österreich unterwegs

Außer den 426 hat Abellio auch dreiteilige 427 im Bestand, die mit den 426 gekuppelt werden können

Durch die Vielfachsteuerung können bis zu drei Fahrzeuge von einem Führerpult aus gesteuert werden.

Weil für die Züge ein Kundenbetreuer vorgesehen ist, wurde auf Bildschirme, Videoüberwachung und Fahrkartenautomaten im Zug verzichtet.

Innenraum Der Innenraum ist mit besonders weich gepolsterten Sitzen bestückt, die in Reihe und vis-a-vis aufgestellt sind. Die 1.-Klasse-Bereiche mit insgesamt 15 Sitzplätzen sind hinter den beiden Führerräumen zu finden.

Im zweiten und vierten Fahrzeugteil sind Mehrzweckräume mit Klappsitzen an den Längsseiten eingerichtet. Hier können Fahrräder und andere sperrige Gegenstände abgestellt werden. In einem der Mehrzweckräume wurde ein Cateringbereich mit Getränke- und Snackautomat ausgestattet. Im anderen ist mit einer barrierefreien Toilette mit Vakuum-WC-System eingebaut.

Glastrennwände und eine Klimaanlage sollen für ein angenehmes Klima in den Fahrzeugen sorgen.

Vier- und fünfteilige Züge (Baureihen 428 und 429) sind auf den Strecken der Eurobahn unterwegs

Cantus setzt seine blau/grauen Züge im Großraum Kassel – Göttingen ein

Einsatz Die „FLIRT"-Triebzüge sind in Deutschland für mehrere private EVU unterwegs. So hat die Cantus Verkehrsgesellschaft vierzehn 427 und sechs 428 im Bestand. Die 20 Fahrzeuge laufen auf den Strecken Göttingen – Eichenberg – Kassel, Kassel – Bebra – Fulda, Göttingen – Eschwege – Bebra und Bebra – Eisenach.

Die Abellio Rail setzt acht 426 und neun 427 zwischen Essen, Hagen, Iserlohn und Siegen ein. Die Züge gehören der Leasinggesellschaft CB Rail.

TECHNISCHE DATEN (428)	
Länge über Kupplung (Zug)	74.276 mm
Achsfolge	Bo'2'2'2'Bo'
Treibraddurchmesser	860 mm
Laufraddurchmesser	750 mm
Achsstand im Drehgestell	2.700 mm
Dienstmasse (Zug)	124.000 kg
Höchstgeschwindigkeit	160 km/h
Leistung	2.000 kW
Anfahrzugkraft	200 kN
Stromsystem	15 kV~/16,7 Hz
Indienststellung	seit 2004
Eingesetzt von	CAN, ERB, VIAS

Der ET 6.04 der Eurobahn macht im dunkelgrauen Outfit Werbung für den Rhein-Ruhr-Express

Die Triebwagen der Westfalenbahn gehören Angel Trains Europa

Seit Dezember 2007 bedient die Westfalenbahn GmbH das Teutoburger-Wald-Netz mit vierzehn 427 und fünf 429. Die Triebwagen der WFB gehören Angel Trains Europa.

Für den Verkehr an der Ostseeküste hat DB Regio hat Anfang 2006 fünf fünfteilige 429 gekauft. Die Züge wurden zunächst als Baureihe 427 bezeichnet und ab Dezember 2007 auf den Strecken Rostock – Stralsund – Lietzow –Sassnitz (Hanse-Express), Sassnitz – Stralsund sowie Binz – Lietzow eingesetzt.

Die von der Eurobahn eingesetzten 428 und fünf 429 gehören der Angel Trains Europa GmbH. Die weiß/gelb lackierten Fahrzeuge laufen überwiegend in Nordrhein-Westfalen. Wendepunkte sind Kassel, Bodenburg und Rahden. Aber auch Venlo in den Niederlanden wird angefahren.

Seit Dezember 2010 setzt die Vias GmbH elf vierteilige, weiß/rot/grau lackierte 428 auf der rechtsrheinischen Strecke von Frankfurt über Wiesbaden, Rüdesheim und Koblenz Hbf nach Neuwied ein.

Mit vierteiligen 428 bedient Vias die Strecke Frankfurt (Main) – Koblenz – Neuwied

Die fünfteiligen 429 sind zur Zeit die längsten Züge der FLIRT-Familie, die im Einsatz stehen

Bei der Hessischen Landesbahn sind auf der RMV-Linie 40 (Frankfurt–Gießen–Siegen) seit 2010 sieben 427 und fünf 429 anzutreffen.

Für den Einsatz in Süd-Ost-Bayern bestellte Angel Trains Europa im Dezember 2009 fünf dreiteilige 427. Sie wurden an die Berchtesgadener Land-Bahn GmbH vermietet, die sie seit März 2010 zwischen Berchtesgaden und Freilassing bzw. Golling in Österreich auf den Linien S3 und S4 im Netz der S-Bahn Salzburg einsetzt.

TECHNISCHE DATEN (429)	
Länge über Kupplung (Zug)	90.378 mm
Achsfolge	Bo'2'2'2'2'Bo'
Treibraddurchmesser	860 mm
Laufraddurchmesser	750 mm
Achsstand im Drehgestell	2.700 mm
Dienstmasse (Zug)	145.000 kg
Höchstgeschwindigkeit	160 km/h
Leistung	2.000 kW
Anfahrzugkraft	200 kN
Stromsystem	15 kV~/16,7 Hz
Indienststellung	seit 2007
Eingesetzt von	DB Regio, ERB, HEB, WFB

Entlang der Ostseeküste fahren die fünfteiligen Züge der Baureihe 429 von DB Regio

Die NordWestBahn wickelt mit Triebwagen der Baureihe 440 den S-Bahn-Betrieb im Raum Bremen ab

Mit der Baureihe 440 beschafften DB Regio und zwei private EVU erstmals Züge der „Lirex Continental"-Familie von Alstom für den Regionalverkehr.

Entwicklung Im Jahr 2000 präsentierte Alstom den dieselelektrischen Triebwagen der Baureihe 618 als erstes Versuchsfahrzeug der neuen Plattform des Coradia LIREX (**L**eichter, **i**nnovativer **R**egional**ex**press). Das Fahrzeug diente in erster Linie als Anschauungsobjekt. Es hatte bewegliche Einzelachsfahrwerke und war mit unterschiedlichen Innendesigns eingerichtet. Der Triebwagen wurde auf zahlreichen Messen und Ausstellungen gezeigt und war sogar kurze Zeit im Planeinsatz.

Aus dem Versuchsfahrzeug entstanden die hier vorgestellten elektrischen Triebwagen der Baureihe 440 in vier unterschiedlichen Ausführungen.

- 440^0: vierteilig, kurze Endwagen, acht Fahrmotoren
- 440^1: vierteilig, lange Endwagen, acht Fahrmotoren
- 440^2: fünfteilig, kurze Endwagen, acht Fahrmotoren
- 440^3: dreiteilig, kurz oder lange Endwagen, sechs Fahrmotoren
- 440^4: dreiteilig, lange Endwagen, acht Fahrmotoren

Das Ergänzen oder Herausnehmen von Mittelwagen ist auch nachträglich noch möglich.

Fahrzeugbau Die Triebzüge laufen zwischen den Wagenteilen auf angetriebenen oder antriebslosen Jakobsdrehgestellen und angetriebenen Drehgestellen an den Zugenden. Alle Drehgestelle sind luftgefedert und haben Radscheibenbremsen. Die Enddrehgestelle sind zusätzlich mit Magnetschienenbremsen ausgestattet.

Das Konzept der Baureihe 440 basiert auf vier Grundtypen, die je nach Bedarf miteinander kombiniert werden können. Als A-Wagen bietet der Hersteller einen Endwagen mit je einem Trieb- und Laufdrehgestell oder mit zwei Laufdrehgestellen an. Auf dem Dach tragen diese Wagen das Führerstands-Klima-

Strecken auf dem „Regensburger Stern“ werden mit 440 der Aglis GmbH bedient

gerät, den Transformator und ein Klimagerät für den Fahrgastraum. Mittelwagen ohne Drehgestelle werden als B-Wagen angeboten. Der C-Wagen ist ein Mittelwagen mit einem Mittellaufdrehgestell. Er trägt den Stromabnehmer und die Hochspannungsausrüstung sowie die Druckluftanlage und einen Transformator. Der D-Wagen läuft auf zwei Mitteldrehgestellen. Auch dieser Mittelwagen ist mit einer Hochspannungsanlage und einem Stromabnehmer ausgestattet.

Der Fahrzeugkopf kann mit Crashverzehrelementen ausgeführt werden; bis jetzt wurden aber nur Fahrzeuge ohne solche Elemente bestellt.

Elektrik Viele Komponenten des Antriebssystems sind auf dem Fahrzeugdach angeordnet. Dazu zählen das Hochspannungsgerüst, der Haupttransformator, der Antriebsstromrichter und die Hilfsbetriebeumrichter. Antriebsmotoren sind an allen Achsen der Endfahrwerke sowie in den Achsen zweier Mittelfahrwerke zu finden. Sie können entweder von oben montiert werden, wenn das Drehgestell ausgebaut ist, oder von unten, wenn sich das Drehgestell unter dem Zug befindet.

Die Leittechnik arbeitet mit einem Wired Train Bus (WTB), an den über ein Gateway der Multifunction Vehicle Bus (MVB) angeschlossen ist. Ein Steuergerät überwacht und regelt alle Systeme und Funktionen.

Innenraum Die Sitze wurden sowohl in Reihe als auch vis-a-vis montiert. Die offenen Abteile mit vier Sitzplätzen haben Tische unter den Fenstern. Je nach Ausführung haben die Züge eine unterschiedliche Anzahl an geschlossenen Toilettensystemen und an Mehrzweckräumen mit Klappsitzen. In den Mehrzweckräumen kann zwischen einer Winter- und eine Sommerbestuhlung gewechselt werden. Führer- und Fahrgasträume sind voll klimatisiert.

DB Regio setzt drei-, vier- und fünfteilige Fahrzeuge der Baureihe 440 ein

Einsatz Im März 2008 stellte Alstom den neuen Regionalverkehrs-Triebzug der Öffentlichkeit vor. Daraufhin bestellte DB Regio im Sommer 2006 insgesamt 76 Triebzüge in drei unterschiedlichen Ausführungen. Sie sind für die Großräume Augsburg, Würzburg, Nürnberg und die Verbindung München – Passau vorgesehen.

Für das Augsburger Netz – den „Fugger-Express“ – beschaffte die DB vierteilige 440⁰. Die Fahrzeuge sind in München beheimatet und auf den Strecken München – Augsburg – Ulm (Bayerische Maximiliansbahn) und München – Augsburg – Donauwörth –Treuchtlingen unterwegs. Zwischen München und Augsburg werden diese Züge vereinigt gefahren und erst in Augsburg getrennt bzw. zusammen gekuppelt. Inzwischen ist die Strecke München – Augsburg – Donauwörth – Aalen (Riesbahn) zum Einsatzgebiet des „Fugger-Express“ hinzugekommen.

Für den Würzburger Raum hat DB Regio fünf vierteilige 440^0 und 23 dreiteilige 440^3 vorgesehen, die inzwischen alle in Würzburg beheimatet sind. Sie fahren auf den Strecken von Würzburg nach Nürnberg, Bamberg, Treuchtlingen und Schlüchtern. Ja nach Bedarf werden die Züge einzeln oder in unterschiedlichen Kombinationen zu Doppeleinheiten gekuppelt.

Für das dritte Einsatzgebiet, den „Donau-Isar-Express“ wurden sechs fünfteilige und sechs vierteilige Züge beschafft, die seit Dezember 2009 auf der Strecke München – Passau fahren. Zu den Hauptverkehrszeiten werden auf dieser Strecke bis zu drei Züge zu einer Einheit gekuppelt.

TECHNISCHE DATEN	
Länge über Kupplung	
Zug (dreiteilig)	54.500 mm
Zug (vierteilig)	70.900 mm
Zug (fünfteilig)	87.350 mm
Endwagen	15.500 mm
Mittelwagen	16.400 mm
Achsfolge (fünfteilig)	Bo'Bo'2'2'Bo'Bo'
Treibraddurchmesser	850 mm
Laufraddurchmesser	850 mm
Achsstand im Drehgestell	
Enddrehgestelle	2.400 mm
Jakobsdrehgestelle	2.700 mm
Dienstmasse (vierteilig)	136,5 t
Höchstgeschwindigkeit	160 km/h
Leistung (fünfteilig)	8 x 250 kW
Stromsystem	15 kV~/16,7 Hz
Indienststellung	seit 2008
Eingesetzt von	DB Regio, AGIL, NWB

Die DB hat nur die Varianten mit kurzen Endwagen in ihrem Bestand

Als erstes privates Unternehmen beschaffte die NordWestBahn Züge der Baureihe 440. Für die Regio-S-Bahn Bremen/Niedersachsen stellte sie 18 drei- und 17 fünfteilige Züge in Dienst. Seit Dezember 2010 fahren die blau, weiß, gelb und grau lackierten Züge unter anderem zwischen Bremen, Bad Zwischenahn, Bremerhaven und Twistringen.

Die Agilis GmbH ist bisher das einzige Unternehmen, das Züge der Unterbauarten 440^1 und 440^4 mit langen Endwagen in Betrieb genommen hat. Die 18 dreiteiligen und acht vierteiligen, grau und hellgrün lackierten Züge fahren im „Regensburger Stern“ auf den Strecken Neumarkt (Oberpfalz) – Regensburg – Plattling und Ingolstadt – Regensburg – Landshut.

Die Agilis GmbH hat sich für drei- und vierteilige Züge mit langen Endwagen entschieden

Die modular aufgebauten Talent 2 werden in zwei- bis fünfteiligen Versionen angeboten

Mit den Talent 2 bietet Bombardier Transportation einen modular aufgebauten elektrischen Triebwagen für den Regionalverkehr an.

Entwicklung Der Talent 2 ist eine Weiterentwicklung der Baureihen 643 und 644, die als Dieseltriebwagen bei Talbot in Aachen gebaut wurden. Der Name „Talent" bedeutet: **T**albot **l**eichter **N**ahverkehrs-**T**riebwagen. Allerdings wird der Talent 2 nicht von Talbot sondern von Bombardier im Werk Hennigsdorf gefertigt. Er ist modular aufgebaut und kann in zwei- bis sechsteiligen Ausführungen mit unterschiedlichen Innenausstattungen und Motorisierungen bestellt werden.

Fahrzeugbau Die Züge laufen auf zweiachsigen Drehgestellen. Bei den zwei- und dreiteiligen Wagen sind nur die beiden äußeren Drehgestelle angetrieben sind. Die Vier- und Fünfteiler haben zusätzlich ein angetriebenes Mittel-Drehgestell. Die einzelnen Segmente haben Stirnübergänge und werden über Jakobsdrehgestelle sowie Faltenbälge miteinander verbunden.

Innenraum Außer an den Enden der Züge ist der Innenraum niederflurig ausgeführt. Die Großräume sind mit offenen Abteilen eingerichtet. Die Mehrzweckräume mit Klappsitzen an den Längsseiten sind im Niederflurbereich untergebracht.

Einsatz Im Frühjahr 2007 bestellte die DB insgesamt 321 Fahrzeuge, von denen die ersten 2009 geliefert wurden.

42 der als Baureihe 442 (Endwagen) und 443 (angetriebene Mittelwagen) bezeichneten Triebwagen sind für den S-Bahn-Einsatz im Großraum Nürnberg vorgesehen und sollten im Dezember 2009 in Betrieb gehen. Dies scheiterte aber daran, dass das Eisenbahn-Bundesamt keine Zulassung erteilte. Im Frühjahr 2011 wurde die Betriebsgenehmigung für einzeln fahrende Triebwagen erteilt. Mehrfachtraktionen wurden noch nicht erlaubt. Deshalb musste die Nürnberger S-Bahn weiterhin auf lokbespannte Züge zurückgreifen.

DB Regio Rheinland bestellte drei-, vier- und fünfteilige Züge. Sie sollten ab Dezember 2010 als „Rhein-Sieg-Express" eingesetzt werden.

RegionalBahn-Triebwagen 442, 443

Die Züge sollen in zahlreichen Netzen von DB Regio oder deren Tochterunternehmen fahren

Die Regional- und Stadtverkehr Bayern GmbH (RSB), eine Tochtergesellschaft der DB Regio AG, bestellte drei-, vier- und fünfteilige Züge für elektrifizierte Strecken in Franken.

Ab Dezember 2011 sollen die Triebwagen auch im Regional-Netz des Verkehrsverbunds Berlin-Brandenburg (VBB) eingesetzt werden. Dafür wurden dreiteilige und fünfteilige Züge bestellt.

Im Herbst 2009 bestellte die DB die Baureihe 442 für den Einsatz als Mittelhessen-Express und als Regionalbahn Hanau – Frankfurt – Gießen.

Ab Juni 2011 sollen auf der Linie Leipzig – Dresden Talent 2 eingesetzt werden.

Im Sommer 2010 beschloss die DB den Einsatz der Baureihe 442 auf dem Werdenfelsnetz südlich von München.

Für die S-Bahn im Raum Rostock sind solche Triebwagen vorgesehen. Im Herbst 2010 bekam die DB den Zuschlag zum Betrieb des Mitteldeutschen S-Bahn-Netzes, für das sie drei- und vierteilige Züge vorgesehen hat.

2013 will DB Regio das Netz Elbe-Elster teilweise mit dreiteiligen Talent 2 bedienen.

TECHNISCHE DATEN		
Länge über Kupplung		
Zug (zweiteilig)		40.100 mm
Zug (vierteilig)		72.300 mm
Achsfolge	zweiteilig	Bo'2'Bo'
	dreiteilig	Bo'2'2'Bo'
	vierteilig	Bo'2'Bo'2'Bo'
Dienstmasse	zweiteilig	57 t
	vierteilig	116 t
Maximale Radsatzlast		18 t
Höchstgeschwindigkeit		160 km/h
Leistung	zweiteilig	2.020 kW
	vierteilig	3.030 kW
Stromsystem		15 kV~/16,7 Hz
Indienststellung		seit 2008
Eingesetzt von		DB Regio

Als Ersatz für den ausgebrannten 450 002 bekam die DB den Wagen 816 (jetzt 450 005)

Bei der Albtal-Verkehrs-Gesellschaft (AVG) wurden Stadtbahnfahrzeuge konzipiert, die auf Straßenbahn- und Eisenbahnstrecken eingesetzt werden können. Die DB beteiligte sich an der Beschaffung dieser Fahrzeuge.

Entwicklung Die achtachsigen Wagen wurden aus den sechsachsigen Stadtbahnwagen Typ GT-6-80C abgeleitet, die ihrerseits vom Stadtbahnwagen Typ „B" abstammen. Bei der Serie GT8-100C/2S handelt es sich um Zweirichtungs-Gelenkwagen für den Zweisystem-Betrieb. Vier dieser Fahrzeuge, die im Großraum Karlsruhe eingesetzt werden, gehören der DB. Sie tragen neben den AVG-Nummern die DB-Baureihennummer 450. Die übrigen Züge gehören der Albtal-Verkehrsgesellschaft (AVG) oder den Verkehrsbetrieben Karlsruhe (VBK). Lieferant der Wagen waren DUEWAG und ABB.

Fahrzeugbau Der Wagenkasten ist in Stahlleichtbauweise ausgeführt. Seine Rahmensteifigkeit entspricht nicht den internationalen Vorgaben der UIC. Die geringere passive Sicherheit soll durch extrem kurze Bremswege, eine höhere Beschleunigung und die geringe Höchstgeschwindigkeit ausgeglichen werden. Die Wagen dürfen aber nicht in andere Züge eingestellt werden oder andere Wagen angehängt bekommen. Der dreiteilige Triebwagen läuft auf vier zweiachsigen Drehgestellen. Die beiden mittleren sind als Jakobsdrehgestelle ausgebildet. Je Wagenseite sind vier Doppelschwenk-Schiebetüren mit festen Trittstufen eingebaut.

An den Fahrzeugenden sind automatische Scharfenbergkupplungen montiert, die auch alle elektrischen Kontakte verbinden. Mehrere Züge können von einem Führerstand aus gemeinsam gesteuert werden.

Das Radreifenprofil wurde als Mischprofil ausgebildet, um den Einsatz auf Eisenbahn- und Straßenbahngleisen zu ermöglichen. Die Wagen tragen die Farbgebung der Albtalbahn in Gelb mit roten Zierstreifen und dunklem Fensterband.

Elektrik Über einen Einholmstromabnehmer gelangt die Fahrdrahtspannung zum Transformator. Diesem ist ein Gleichrichter vorgeschaltet, der im 15-kV-Netz der DB die Spannung für

Die elektrische Ausrüstung kann mit Wechsel- oder Gleichspannung betrieben werden

die Aggregate des Fahrzeugs anpasst. Die Systemumschaltung erfolgt automatisch beim Netzübergang.

Zur weiteren technischen Ausstattung gehören das Mikrocomputer-Fahrzeugsteuerungs-System MICAS, Sifa, Indusi, Zugbahnfunk, induktive Fahrsperre und Betriebsfunk der VBK/AVG. Damit entsprechen die Wagen sowohl der Eisenbahn-Bau- und Betriebsordnung (EBO) als auch der Betriebsordnung Straßenbahn (BOStrab).

Innenraum Der Innenraum hat offene Abteile mit stoffgepolsterten Vis-à-vis-Sitzen, die für insgesamt 100 Fahrgäste Platz bieten. Die Fahrzeuge haben als Zweirichtungswagen an beiden Enden einen abgeschlossenen Raum für den Triebfahrzeugführer.

Einsatz Der Einsatz erfolgt gemeinsam mit den Wagen der Verkehrsbetriebe Karlsruhe bzw. der Albtalbahn auf den S-Bahn- und Straßenbahn-Strecken rund um Karlsruhe.

450 002 schied 2001 nach einer Brandstiftung aus. Er wurde durch den Wagen 816 ersetzt, der jetzt zusätzlich die Nummer 450 005 trägt.

TECHNISCHE DATEN	
Länge über Kupplung	
Zug	37.610 mm
Endwagen	10.100 mm
Mittelwagen	9.770 mm
Achsfolge	B'2'2'B'
Treibraddurchmesser	740 mm
Laufraddurchmesser	740 mm
Achsstand im Drehgestell	2.100 mm
Gesamter Achsstand	32.070 mm
Dienstmasse	58,6 t
Maximale Radsatzlast	8 t
Höchstgeschwindigkeit	95 km/h
Leistung	2 x 230 kW
Motorbauart	Gleichstrommotor
Antriebsart	Kegelrad
Stromsystem	15 kV~/16,7 Hz; 750 V=
Indienststellung	1994
Eingesetzt von	DB Regio

Die Saarbrücker Zweisystem-Stadtbahnwagen sind im Stadtgebiet auf Straßenbahngleisen unterwegs

In den 1990er-Jahren entwicklete Bombardier Transportation mit dem „Flexity Link“ einen Stadtbahnwagen, der in Deutschland von der Saarbahn GmbH gekauft wurde.

Entwicklung Vorbild für den hier vorgestellten Typ ist der DUEWAG-Straßenbahnwagen Typ „Freiburg“. Dieser dreiteilige Gelenktriebwagen mit acht Achsen wurde zwischen 1971 und 1991 von der Düsseldorfer Waggonfabrik für die Freiburger Verkehrs AG gebaut.

Beim „Flexity Link“ ermöglicht eine Zweisystem-Einrichtung den flexiblen Einsatz im innerstädtischen Straßenbahnnetz und im regionalen Eisenbahnnetz.

Im nationalen Fahrzeugregister wird diese Straßenbahn als Baureihe 451 bezeichnet.

Fahrzeugbau Die Fahrzeuge bestehen aus drei Teilen. Ihre Endwagen sind niederflurig ausgeführt, der Mittelwagen ist hochflurig.

Zwei der vier Drehgestelle laufen unter dem Mittelteil, die anderen unter den beiden Endwagen. Alle acht Radsätze sind angetrieben.

Die Aufbauten der Endwagen bestehen aus einem geschweißten Stahlträgergerippe, das von außen mit Aluminiumblechen verkleidet ist ausgeführt. Der mittlere Teil wurde in Aluminium-Leichtbauweise gefertigt. Er trägt die Ausrüstung für den Einsatz unter Wechselspannung. Die beiden Kopfteile sind mit glasfaserverstärktem Kunststoff verkleidet.

Das stählerne Untergestell ist mit den Seitenwänden vernietet, das Dach durchgehend als Aluminiumrahmen ausgeführt.

Vier elektrisch bediente Doppelschwenkschiebetüren mit Klapptrittstufen je Wagenseite sollen einen zügigen Fahrgastwechsel ermöglichen.

Elektrik Die Wagen haben einen elektrischen Teil für 750 V Gleichspannung. Er wurde von Kiepe Elektrik geliefert. Der Wechselspannungsteil für 15 kV, 16,7 Hz kommt von Elin aus Wien. Der automatische Systemwahlschalter ist neben dem Stromabnehmer auf dem

Im Überlandbetrieb fährt der „Flexity Link" unter 15 kV Wechselspannung auf Eisenbahngleisen

Dach des Mittelteils montiert. Stromrichter und Transformator sind unterflur im Mittelteil aufgehängt.

Innenraum Im Mittelteil befinden sich offene Abteile mit 2+2-Sitzen in Vis-a-vis-Anordnung.

Im Mittelteil und an den Wagenenden ist der Fußboden 600 mm hoch, im Mehrzweckbereich zwischen den Einstiegstüren nur 400 m über SO.

Die beiden Führerstände sind vom Fahrgastraum durch eine Zwischentür erreichbar. Sie sind klimatisiert.

Einsatz Im Oktober 1997 nahm die Saarbahn unter den Nummern 1001 bis 1015 die ersten 15 Fahrzeuge in Betrieb. Später kamen weitere 13 Wagen dazu, so dass heute 28 dieser Triebwagen im Einsatz sind.

Die Züge verkehren zwischen Lebach und Sarreguemines in Frankreich. Im Abschnitt Walpershofen/Etzenhofen – Saarbrücken Ost fahren die Zweisystemwagen auf Straßenbahngleisen.

Sechs Wagen waren zeitweise im Raum Kassel im Einsatz.

Im Dezember 2009 wurden die Wagen 1018, 1024 und 1028 drei Fahrzeuge nach Karlsruhe ausgeliehen. Sie werden im Wechsel mit AVG-Wagen auf der Linie S 9 zwischen Mühlacker und Bruchsal eingesetzt.

TECHNISCHE DATEN

Länge über Kupplung (Zug)	37.870 mm
Achsfolge	Bo'Bo'Bo'Bo'
Laufraddurchmesser	660 mm
Dienstmasse	81.600 t
Höchstgeschwindigkeit	100 km/h
Leistung	8 x 120 kW
Motorbauart	Drehstrom-Asynchronmotor
Stromsystem	15 kV~/16,7 Hz; 750 V=
Indienststellung	1997 – 2000
Eingesetzt von	Saarbahn GmbH

Im Raum Kassel werden die „Regio Citadis“ von Alstom im Regionalverkehr eingesetzt

Der „Regio Citadis“ ist eine Variante der Citadis-Plattform von Alstom Transport Deutschland. Fahrzeuge dieser Bauart sind im Raum Kassel im Regionalverkehr unterwegs.

Entwicklung Mit der Citadis-Plattform bietet Alstom Stadtbahnwagen in unterschiedlichen Ausführungen an, die bereits in vielen europäischen Städten eingesetzt werden. Darunter sind auch Zweisystem-Fahrzeuge. Die Version E/E kann beispielsweise mit 750 V Gleichspannung und 15 kV, 16 2/3 Hz Wechselspannung betrieben werden. Die Version E/D ist eine Hybridausführung, die mit 750 V Gleichspannung aus der Oberleitung oder dieselelektrisch angetrieben werden kann.

Im Fahrzeugregister wird die E/E-Version als Baureihe 452 geführt, die E/D-Version als Baureihe 689.

Fahrzeugbau Die dreiteiligen Fahrzeuge laufen auf zweiachsigen Drehgestellen. Der Mittelwagen hat zwei eigene Drehgestelle. Die beiden Kopfteile stützen sich auf einer Seite am Mittelwagen ab. An der Kopfseite haben sie ein Drehgestell. Die Triebwagen können einen minimalen Bogenradius von 22 m befahren.

Die Kopfpartien sind aus glasfaserverstärktem Kunststoff hergestellt und mit dem stählernen Wagenkästen verschraubt. Unter der großen Frontscheibe befindet sich eine Klappe, die elektrisch angehoben werden kann. Dahinter verbirgt sich die automatische Scharfenbergkupplung, mit der bis zu vier Wagen zu einem Zug verbunden werden können.

Die zweiflügeligen Einstiegstüren mit beweglichen Trittstufen befinden sich im Niederflurteil der beiden Endwagen. Auch der Mittelteil ist komplett niederflurig. Nur über den Triebdrehgestellen an den Zugenden ist der Fußboden erhöht.

Elektrik Die Fahrzeuge werden von vier Drehstrom-Asynchronmotoren mit IGBT-Stromrichtern angetrieben. Die Hybrid-Fahrzeuge haben in jedem Endwagen einen MAN-Sechszylinder-Dieselmotor mit einer Leistung von 375 kW.

Die Zweisystemwagen können auf Eisenbahn- und Straßenbahngleisen fahren

Ein angeflanschter Generator erzeugt den Strom für die Fahrmotoren. Die Treibstofftanks der E/D-Version sind den Endwagen untergebracht. Die gesamte elektrische Ausrüstung ist auf dem Dach montiert.

Innenraum Der Innenraum ist mit offenen Abteilen mit 2+2 Sitzen in Vis-a-vis-Anordnung eingerichtet. In den Endwagen sind Mehrzweckabteile mit Klappsitzen an den Wänden integriert. Im Niederflurbereich beträgt die Fußbodenhöhe 420 mm, im Hochflurbereich 660 mm über der Schienenoberkante.

Einsatz Die Regionalbahn Kassel (RBK) bestellte insgesamt 28 Fahrzeuge, von denen das erste Juli 2004 geliefert wurde. 18 Züge (701 – 718) gehören zur E/E-Version, die anderen zehn (751 – 760) zur E/D-Hybridversion.

Die elektrischen Wagen laufen zwischen Kassel und Warburg, Melsungen und Treysa.

Die Hybridwagen werden auf der Strecke Kassel – Wolfhagen eingesetzt.

TECHNISCHE DATEN	
Länge über Kupplung (Zug)	36.762 mm
Achsfolge	Bo'2'2'Bo'
Achsstand im Drehgestell	1.900 mm
Gesamter Achsstand	30.450 mm
Dienstmasse	59,8*; 63,4** t
Höchstgeschwindigkeit	100 km/h
Leistung	4 x 150 kW
Motorbauart	Drehstrom-Asynchronmotor
Antrieb	Gummiringfeder
Stromsystem	15 kV~/16,7 Hz; 750 V=
Indienststellung	2004 – 2005
Eingesetzt von	RBK

* E/E-Version, ** E/D-Version

In Deutschland sind die „Desiro ML“ bisher nur auf der linken Rheinstrecke unterwegs

Die Baureihe 460 gehört zur „Desiro“-Plattform. Die von Siemens entwickelten Fahrzeuge unterscheiden sich vor allem durch das Einzelwagenkonzept von anderen RegionalBahn-Triebzügen.

Entwicklung Der „Desiro MainLine“ von Siemens ist sowohl für den S-Bahnbetrieb als auch für den regionale und überregionalen Einsatz vorgesehen. Weil seine Mittelwagen schnell ein- oder ausgereiht werden können, lassen sich die Züge an die Wünsche der Kunden anpassen. Auch beim Innenraum sind unterschiedliche Ausführungen erhältlich.

Der Desiro ML wird als elektrischer Zug mit einer Versorgung aus der Oberleitung und als dieselelektrische Ausführung für nicht elektrifizierte Strecken angeboten.

Fahrzeugbau Die beiden Drehgestelle der Endwagen sind angetrieben, die der Mittelwagen nicht. Sie haben primär Schraubenfedern mit Stoßdämpfern, sekundär Luftfedern mit Schlingerdämpfern und Wankstützen mit Torsionsstäben.

Mit einer automatischen Mittelpufferkupplung der Bauart Scharfenberg können die Züge mechanisch und elektrisch miteinander verbunden werden. Die einzelnen Wagen des Triebzugs sind über Spezialkupplungen verbunden und können nur in der Werkstatt getrennt werden.

Stoßverzehrelemente neben den Kupplungen sollen größere Verformungen bei Unfällen vermeiden.

Während die Endwagen wahlweise mit ein oder zwei doppelflügeligen Schiebetüren je Seite angeboten werden, sind beim Mittelwagen zwei Türen vorgesehen. Bewegliche Trittstufen erleichtern das Ein- und Aussteigen an niedrigen Bahnsteigen.

Elektrik Auf dem Endwagen A sind der Stromabnehmer und die beiden Hauptschalter für die Endwagen montiert. Endwagen 2 trägt die Kombikühlanlage mit einem Ölkreislauf zur Kühlung des Transformatoröls und einen Wasserkreislauf zur Kühlung der beiden Umrichter sowie der Fahrmotoren.

Zu den Sicherheitseinrichtungen zählen die zeitabhängige Sicherheits-

Durch das Einzelwagen-Konzept unterschieden sich die Züge von anderen RegionalBahn-Triebwagen

fahrschaltung (SIFA), die induktive Zugsicherung I60R, die Punktförmige Zugbeeinflussung System PZB90 und der GSM-R-fähige Funk MTRS (MESA 23).

Innenraum Im Endwagen A teilt sich der Innenraum in den Führerraum 1 und ein Mehrzweckabteil. Der Mittelwagen hat offene Abteile mit gepolsterten Sitzen in Vis-a-vis-Anordnung. Der Endwagen B hat ebenfalls einen Führerraum, ein 1.-Klasse-Abteil, ein Mehrzweckabteil und eine behindertengerechte Toilette.

Die Fußbodenhöhe liegt in den Einstiegs- und Fahrgasträumen bei 800 mm über SO, über den Drehgestellen bei 890 mm

Einsatz Im März 2007 kaufte Angel Trains 17 Triebwagen. Die grau/gelb lackierten Züge wurden von trans regio geleast und sind seit Dezember 2008 auf der linken Rheinstrecke zwischen Köln, Koblenz und Mainz unterwegs.

TECHNISCHE DATEN	
Länge über Kupplung	
Zug	70.930 mm
Endwagen	24.210 mm
Mittelwagen	22.520 mm
Achsfolge	Bo'Bo' + 2'2' + Bo'Bo'
Treibraddurchmesser	850 mm
Achsstand im Drehgestell	2.300 mm
Dienstmasse (Zug)	132 t
Maximale Radsatzlast	17 t
Höchstgeschwindigkeit	160 km/h
Leistung	2.600 kW
Motorbauart	Drehstrom-Asynchron
Antriebsart	Tatzlager
Anfahrzugkraft	170 kN
Stromsystem	15 kV~/16,7 Hz
Indienststellung	seit 2007
Eingesetzt von	TDR

ET 65 005 und 006 werden von der SVG im Plan- und Sonderdienst eingesetzt

Weil die Deutsche Reichsbahn keine passenden Fahrzeuge für den elektrifizierten Vorortverkehr rund um Stuttgart hatte, beschaffte sie in den 1930er-Jahren neue Triebwagen für diesen Einsatz.

Entwicklung Ab 1933 lieferte die Maschinenfabrik Esslingen 25 Triebwagen und 24 Steuerwagen. Die zweiteiligen Einheiten wurden mit Doppelwagen zu drei- oder vierteiligen Zügen erweitert.

In den 1950er-Jahren hatten die Triebwagen das Ende ihrer Nutzungszeit erreicht. Die DB konnte aber noch nicht auf die Fahrzeuge verzichten. Deshalb rückten zwischen 1961 und 1963 alle noch vorhandenen ET 65 ins AW Stuttgart-Bad Cannstatt ein. Auffälligste Änderung waren die neuen Köpfe. Auch die Innenräume wurden komplett aufgearbeitet. Bänke mit Kunstlederbezug ersetzten die Holzlatten-Sitzbänke und die Glühlampen wurden gegen Leuchtstofflampen getauscht.

Zur gleichen Zeit wurden neue Mittelwagen als Ersatz für die alten Doppel-Mittelwagen in Betrieb genommen.

Nach dem Umbau kamen alle Wagen wieder in ihr angestammtes Einsatzgebiet rund um Stuttgart zurück und versahen dort ihrem Dienst mit nur kleinen Änderungen bis Mitte der 1970er-Jahre.

Fahrzeugbau Die Drehgestelle gehören zur Bauart Görlitz III, wurden aber für den Einbau der Fahrmotoren weiterentwickelt.

Als Antrieb wählten die Konstrukteure eigenbelüftete Tatzlager-Reihenschlussmotoren. Die beiden Motoren eines Drehgestells sind in Reihe geschaltet.

Eine Zusatzbremse ergänzt die selbsttätige Druckluftbremse der Bauart Hildebrandt-Knorr.

An beiden Seiten haben die ET 65 normale Schraubenkupplungen und Hülsenpuffer.

Bei den zuerst gelieferten Zügen waren die Untergestelle und Wagenkästen noch genietet. Bei den letzten vier Zügen waren sie geschweißt.

Elektrik Der Großteil der elektrischen Ausrüstung wie z. B. der Transformator konnte unter dem Wagenboden eingebaut werden. In den Fahrgasträumen ist nur eine kleine Hilfsmaschinenkammer gegenüber den Toiletten in der Wagenmitte untergebracht.

Die Züge bestehen aus einem Triebwagen, einem antriebslosen Mittelwagen und einem ebenfalls antriebslosen Steuerwagen

Zwei Scherenstromabnehmer führen dem Transformator über eine Hochspannungs-Dachleitung und einen Ölschalter die elektrische Energie zu. Ein BBC-Umformer versorgt über eine Pufferbatterie und einen Turbo-Wechselrichter die elektrischen Verbraucher.

Innenraum Der Grundriss der Triebwagen lehnt sich mit seinen Großräumen und den Einstiegsräumen an die Einteilung der Reisezugwagen an, die sich im Vorortverkehr bereits bewährt hatten.

Das Abteil hinter dem Führerstand des Triebwagens hat auf beiden Seiten Schiebetüren, so dass es als Gepäckabteil genutzt werden kann.

Einsatz In den Sommerferien fährt einer der Triebwagen im Plandienst. An den Wochenenden wird der Zug auf der S 41 zwischen Freudenstadt und Eutingen im Gäu statt eines Triebwagens der DB oder AVG eingesetzt und erfreut sich dabei großer Beliebtheit.

TECHNISCHE DATEN	
Länge über Kupplung	
Zug (zweiteilig)	40.600 mm
Triebwagen	20.300 mm
Steuerwagen	20.300 mm
Achsfolge (Triebwagen)	Bo'Bo'
Treibraddurchmesser	1.000 mm
Laufraddurchmesser	1.000 mm
Achsstand im Drehgestell	3.600 mm
Gesamter Achsstand (Triebwagen)	16.200 mm
Dienstmasse (Triebwagen)	63,7 – 65 t
Maximale Radsatzlast	16,1 – 19,2 t
Höchstgeschwindigkeit	85 km/h
Leistung	804 kW
Motorbauart	Reihenschlussmotor
Antriebsart	Tatzlager
Anfahrzugkraft	113 kN
Stromsystem	15 kV~/16,7 Hz
Indienststellung (Umbau)	1961 – 1963
Eingesetzt von	SVG

Im Gegensatz zu den Vorgängerbaureihen sind beim 472/473 alle zwölf Radsätze angetrieben

Für die Hamburger City-S-Bahn mit Steigungen von bis zu 40 ‰ wurde ein neuer allachsgetriebener dreiteiliger Triebwagen konstruiert.

Entwicklung 62 Einheiten der Baureihe 472/473 wurden 1974 bis 1984 an die DB geliefert. Verschiedene Fahrzeughersteller hatten den Zug zusammen mit dem BZA München und der BD Hamburg entwickelt. Ein Weiterbau der alten Baureihe 470 schien in Anbetracht der neu gebauten Strecken mit bis zu 40 ‰ Steigungen nicht sinnvoll. Wie bei der Baureihe 420/421 sollten beim 472 alle Radsätze angetrieben werden. Nachdem 1974 und 1975 zunächst 30 dreiteilige Züge geliefert worden waren, bestellte die DB 1982 bis 1984 32 weiter verbesserte Garnituren als Ersatz für verschlissene Triebzüge der Baureihe 471 und auch, um den steigenden Bedarf auf neuen Strecken abzudecken.

Der Zug 015/515 wurde zum Schienenreinigungszug umgebaut, mit dem Schmierfilme von den Schienen beseitigt werden können.

Fahrzeugbau Die Wagenkästen sind komplett in Leichtbauweise hergestellt und vollständig geschweißt. Die Stirnfronten bestehen dagegen aus glasfaserverstärktem Polyester. Hinter der relativ kleinen Frontscheibe ist das Führerpult mittig angeordnet. Der Zugang erfolgt über seitliche Drehtüren.

Die Fahrgasträume werden durch zweiflügelige Schiebetüren betreten. Die 2.-Klasse-Endwagen haben je vier Türen auf jeder Wagenseite, der 1.-Klasse-Mittelwagen nur drei.

Die Fenster in den Fahrgasträumen lassen sich oben öffnen.

Zwischen den Wagen gibt es keine Übergangsmöglichkeiten, obwohl die Kurzkupplung nur in der Werkstatt gelöst werden kann. An den Zugenden sind Scharfenbergkupplungen montiert.

Über Gummi- und Luftfedern stützen sich die Wagenkästen auf den geschweißten Drehgestellen ab.

Die ursprünglich ozeanblau/beige Farbgebung wurde ab 1997 durch den verkehrsroten Anstrich ersetzt.

Hinter der einteiligen Frontscheibe verbirgt sich ein mittig angeordnetes Führerpult

Elektrik Allen zwölf Radsätzen ist je ein vierpoliger Gleichstrom-Reihenschlussmotor mit Tatzlagerantrieb zugeordnet. Die komplette elektrische Einrichtung mit Nockenschaltwerk und Thyristor-Pulssteuerung konnte in Einschüben in der Bodenwanne angeordnet werden.

Eine Vielfachsteuerung ermöglicht den gemeinsamen Einsatz von bis zu drei Triebzügen. Alle Triebwagen der Hamburger S-Bahn beziehen ihre elektrische Energie über Schleifer an den Drehgestellen aus der seitlich geführten Stromschiene.

Innenraum Innenraum- und Klassenaufteilung entsprechen den Vorgängerbauarten. Die Traglastenabteile entfielen jedoch zugunsten von Sitzabteilen. Der Zug bietet 50 Sitzplätze in der 1. Klasse, 130 Sitzplätze in der 2. Klasse. Auf Toiletten wurde – wie bei S-Bahnen üblich – verzichtet.

Zwischen 1997 und Ende 2005 durchliefen die Züge ein „Redesign"-Programm, bei dem sie neue technische Ausstattungen wie Notrufsprechstellen und die Einrichtungen zur Triebfahrzeugführer-Selbstabfertigung (SAT) bekamen. Außerdem wurde der Innenraum an das Design der Baureihe 474 angeglichen.

TECHNISCHE DATEN	
Länge über Kupplung	
Zug	65.820 mm
Endwagen	23.165 mm
Mittelwagen	19.490 mm
Achsfolge	Bo'Bo' + Bo'Bo' + Bo'Bo'
Treibraddurchmesser	850 mm
Achsstand im Drehgestell	2.500 mm
Gesamter Achsstand	
Endwagen	18.690 mm
Mittelwagen	15.090 mm
Dienstmasse (Zug)	114 t
Maximale Radsatzlast	10 t
Höchstgeschwindigkeit	100 km/h
Leistung	12 x 125 kW
Motorbauart	Gleichstrom-Reihenschlussmotor
Antriebsart	Tatzlager
Anfahrzugkraft	160 kN
Stromsystem	1,2 kV=
Indienststellung	1974 – 1976, 1982 – 1984
Eingesetzt von	S-Bahn Hamburg

Die Einsystemwagen der Baureihe 474 werden mit Gleichspannung aus der Stromschiene versorgt

Im Auftrag der Deutschen Bahn entwickelte die Arbeitsgemeinschaft Linke-Hofmann-Busch (LHB) und ADtranz den neuen S-Bahn-Triebzug der Baureihe 474 für Hamburg.

Entwicklung In enger Zusammenarbeit mit der DB AG entstand ein neuer Triebzug, der für einen wirtschaftlichen und umweltverträglichen Betrieb der Hamburger S-Bahn sorgen soll.

Die Züge setzen sich aus den beiden angetriebenen Endwagen und dem antriebslosen Mittelwagen (Baureihe 874) zusammen.

Fahrzeugbau Ein niveaugleicher Zugang mit doppelten Schiebetüren führt in den Fahrgastbereich, der mit behindertengerechten Bedienelementen ausgestattet ist. Automatische Haltestellenanzeigen und -ansagen erleichtern die Orientierung.

Für hohen Fahrkomfort sollen unter anderem eine optimierte Geräuschdämmung und eine wirkungsvolle Heizungs- und Lüftungsanlage sorgen.

Der Führerraum wurde von LHB-Designern mit Beteiligung der Hamburger Triebfahrzeugführer nach ergonomischen Erkenntnissen gestaltet. Nach hinten wird der Führerraum durch eine Trennwand abgeschlossen.

Die Wagenkästen der Trieb- und Mittelwagen haben eine gleichartige Rohbaustruktur. Die überwiegende Verwendung nicht rostender Stähle verbessert die Wirtschaftlichkeit im Hinblick auf die spätere Wartung und Instandhaltung. Die Wagenkästen sind luftgefedert auf die Drehgestelle aufgesetzt, wobei vertikale und horizontale Wagenbewegungen hydraulisch gedämpft werden.

Die Bremse arbeitet sowohl elektrodynamisch als auch rein pneumatisch. Sie wird durch die elektronische Führerbremsanlage geregelt. Die Komponenten zur Drucklufterzeugung sind im Mittelwagen, die Steuergeräte in den Triebwagen installiert.

Automatische Scharfenbergkupplungen an den Stirnseiten ermöglichen das Zusammenstellen von Zugverbänden.

Elektrik Die beiden Endwagen sind jeweils mit einem wassergekühlten GTO-Wechselrichter und vier ebenfalls

Inzwischen sind alle 145 Züge der Baureihe 474 ausgeliefert und bei der Hamburger S-Bahn im Einsatz

wassergekühlten Drehstrom-Asynchronmotoren ohne die wartungsintensiven Schaltwerke ausgerüstet. Die Abwärme der Motoren wird für die Heizung der Fahrgasträume genutzt. Mit Ausnahme der für die Bedienung erforderlichen Elemente ist die elektrische Ausrüstung im Untergestell untergebracht.

Ein in die Fahrzeugleittechnik integriertes Diagnosesystem unterstützt die Triebfahrzeugführer und das Wartungspersonal. Die neue Technik verhindert allerdings den gemeinsamen Einsatz der Triebwagen mit den Vorgängerbaureihen.

Einsatz Die Triebwagen sind Hamburg-Ohlsdorf beheimatet. 2006 wurden die ersten Mehrsystem-Züge geliefert, die die Energie auch über Dachstromabnehmer aus der Fahrleitung entnehmen können. Sie werden auf der Strecke nach Stade und Cuxhafen eingesetzt, die ab Hamburg-Neugraben mit einer Oberleitung überspannt ist. Zu den neun Neubauten kommen 33 aus Stromschienenwagen umgebaute Züge, so dass sich der Bestand auf 42 Zweisystemzüge beläuft.

TECHNISCHE DATEN	
Länge über Kupplung	
Zug	66.000 mm
Endwagen	23.115 mm
Mittelwagen	19.770 mm
Achsfolge	Bo'Bo' + 2'2' + Bo'Bo'
Treibraddurchmesser	820 mm
Laufraddurchmesser	680 mm
Achsstand im Drehgestell	2.300 mm
Gesamter Achsstand	
Endwagen	16.190 mm
Mittelwagen	13.280 mm
Dienstmasse (Zug)	102 t
Höchstgeschwindigkeit	100 km/h
Leistung	8 x 115 kW
Motorbauart	Drehstrom-Asynchronmotor
Antriebsart	Tatzlager
Anfahrzugkraft	144 kN
Stromsystem	1,2 kV=; 15 kV~/16,7 Hz
Indienststellung	1997 – 2006
Eingesetzt von	S-Bahn Hamburg

Seit ihrer Modernisierung haben die Wagen zwei Frontfenster und getrennte Spitzen- und Schlussleuchten

Auf der Flachstrecke der Oberweißbacher Bergbahn fahren drei Elektrotriebwagen mit außergewöhnlicher Herkunft. Jeder von ihnen hat seine eigene Geschichte.

Entwicklung Die Strecke von Lichtenhain nach Cursdorf schließt an eine Standseilbahn an, mit der die Fahrgäste von Obstfelderschmiede bergauf gebracht werden. Sie wird seit ihrer Eröffnung im Jahr 1923 elektrisch betrieben.

Aus dieser Zeit stammt auch der mehrfach umgebaute Triebwagen 479 201, ein Produkt der Waggonfabrik Gotha. Er wurde speziell für diese Strecke gebaut.

479 203 hingegen wurde 1909 von Herbrand für die Leipziger Straßenbahn gebaut, 1955 für die Bergbahn angepasst und schließlich 1963 im Raw Gotha weitgehend neu als Eisenbahntriebwagen aufgebaut.

479 205 wurde 1984 aus einem Steuerwagen der Bergbahn umgebaut. Er war zuvor bei der Niederbarnimer Eisenbahn als Beiwagen genutzt worden. Seit 1984 präsentieren sich die Triebwagen weitgehend einheitlich.

Fahrzeugbau Die Stirnseiten der geschweißten Wagenkästen ähneln denen der Berliner U-Bahn-Großprofilwagen vom Typ E III.

Durch einen Mitteleinstieg mit druckluftbedienten Schiebetüren gelangen die Fahrgäste in ein Großraumabteil. Schiebetüren und oben klappbare Seitenfenster wurden dem Ersatzteillager der S-Bahn Berlin entnommen.

Zwischenwände mit Drehtüren trennen die Führerstände vom Fahrgastraum ab. Die Führerstände haben keinen eigenen Einstieg von außen. Außer dem Fahrschalter ist hier das Führerbremsventil und die Sicherheitsfahrschaltung.

Eine Druckluftbremse der Bauart Knorr ergänzt die elektrische Widerstandsbremse.

Die Triebwagen werden meist zu zweit eingesetzt, wobei nur einer Strom aus dem Fahrdraht abnimmt

Die Lackierung ist, in Anlehnung an die S-Bahn in Berlin, rot und cremefarben gehalten.

Elektrik Ein mittig angeordneter Scherenstromabnehmer nimmt die 600 Volt Gleichspannung von der einfachen Fahrleitung ab. Daneben befinden sich zwei Widerstandsgruppen.

Die Wagen werden mit zwei Gleichstrom-Reihenschlussmotoren vom Typ GFM 3127 mit Tatzlagerantrieb angetrieben. Die Spannung beziehen sie über einen Straßenbahnfahrschalter und Vorwiderstände.

Innenraum Die beiden Fahrgasträume 2. Klasse haben offene Abteile, die durch einen Mittelgang getrennt werden. Sie bieten 24 Reisenden einen gepolsterten Sitzplatz. Die Wagen haben eine Beschallungs- und eine Türschließeinrichtungen mit Klingelsignal und Warnlicht.

Einsatz Alle drei Triebwagen sind beim Betriebshof Saalfeld, Einsatzstelle Lichtenhain an der Bergbahn, beheimatet. Sie werden einzeln oder zu zweit ausschließlich auf der drei Kilometer langen Flachstrecke der Oberweißbacher Bergbahn von Lichtenhain über Oberweißbach-Deesbach nach Cursdorf eingesetzt.

TECHNISCHE DATEN	
Länge über Puffer	12.600 mm
Achsfolge	Bo
Treibraddurchmesser	800 mm
Gesamter Achsstand	6.500 mm
Dienstmasse	16,3*; 15,3 t
Maximale Radsatzlast	8 t
Höchstgeschwindigkeit	40 km/h
Leistung	2 x 60 kW
Motorbauart	Gleichstrom-Reihenschlussmotor
Antriebsart	Tatzlager
Stromsystem	600 V=
Indienststellung	1963; 1981*
Eingesetzt von	OBS
* 479 201	

Nachdem die BVG die Berliner S-Bahn übernommen hatte, setzte sie die Baureihe 480 in Betrieb

Die Baureihe 480 wurde von den Berliner Verkehrsbetrieben (BVG) beschafft, die zwischen 1984 und 1993 im Westteil der Stadt für die S-Bahn verantwortlich war.

Entwicklung Die BVG hatten am 9. Januar 1984 die Betriebsführung der S-Bahn im damaligen West-Berlin von der DR übernommen. Direkt nach diesem Wechsel begann das Unternehmen, Ersatzfahrzeuge für die übernommenen Altbauwagen der Baureihe 475 zu beschaffen.

Um auch stillgelegte Strecken wieder in Betrieb nehmen zu können, reichten die 115 Fahrzeuge der Baureihe 475 ohnehin nicht aus. Deshalb wurde eine neue Baureihe entwickelt. 1987 lieferte die Waggon-Union die ersten vier Prototypen der neuen Baureihe 480, die sich optisch deutlich den Vorgängern unterscheidet. Die kristallblauen 480 001 und 002 konnten sich gegen die traditionelle bordeauxrot-ockerfarbene Lackierung der 480 003 und 004 bei den Berlinern nicht durchsetzen und alle weiten Wagen wurden zweifarbig lackiert.

Ab 1990 begann die Auslieferung von insgesamt 81 Serientriebzügen. An deren Bau war neben der Waggon-Union auch AEG beteiligt.

Fahrzeugbau Der selbsttragende Wagenkasten ist in Leichtbauweise aus korrosionsbeständigem Edelstahl gefertigt. Ein verformbares Kopfstück dient zur Aufnahme von Kräften bei Unfällen und somit zum Schutz der dahinter liegenden Fahrgastzelle.

Der Wagenkasten stützt sich über je zwei Luftfederbälge ohne Wiege auf die beiden Drehgestelle ab. Sie bestehen aus H-förmigen Stahlblechträgern. Bewegungen zwischen Radsätzen und Drehgestellrahmen werden primär durch Metallgummi-Schichtfedern aufgefangen. Die acht Fahrmotoren je Doppeltriebwagen sind quer zur Fahrtrichtung in den Drehgestellrahmen befestigt und treiben die Radsätze über eine Lamellen-Kreuz-Kupplung an. Die Züge haben automatische Scharfenberg-Kupplungen an den Zugenden und Kurzkupplungen zwischen den Wagen. An beiden Längsseiten sind je drei Außenschwenk-Schiebetüren eingebaut.

Die Führerhäuser sind klimatisiert, die Fahrgasträume mit Klappfenstern und einem Gebläse unter den Sitzen ausgestattet.

Charakteristisch für die Baureihe 480 sind die Stirnfenster mit den beiden dreieckigen Seitenfenstern

Elektrik Der Strom wird über zwei Schleifer je Zug von der Stromschiene abgenommen. Über Netzfilter, Gleichstromsteller und Wechselrichter gelangt die Energie zu den Drehstrom-Asynchronmotoren. Die Antriebssteuerung über Mikrocomputer eignet sich auch für einen automatischen Fahrbetrieb mit von der Strecke ausgehenden Impulsen. Gebremst wird mit einer kombinierten elektrischen Nutz- und Widerstandsbremse, die einen Teil der Energie ins Netz zurückspeisen kann, und mit einer Scheibenbremse. Eine Federspeicherbremse dient als Feststellbremse.

Einsatz Die Züge sind in Berlin-Grünau beheimatet und werden überwiegend auf den Linien S 8 (Zeuthen – Grünau – Birkenwerde), S 46 (Königs-Wusterhausen – Südkreuz – Westend) und S 47 (Spindlersfeld – Schöneweide – Südkreuz) eingesetzt.

2002 schieden die Prototypen 480 001 bis 480 004 aus dem Bestand aus. 2003 wurden sie verschrottet. Die restlichen Züge sind 2011 noch im Unterhaltungsbestand.

TECHNISCHE DATEN	
Länge über Kupplung	
Zug (Viertelzug)	36.800 mm
Endwagen	18.400 mm
Mittelwagen	18.400 mm
Achsfolge	Bo'Bo' + Bo'Bo'
Treibraddurchmesser	900 mm
Achsstand im Drehgestell	2.200 mm
Gesamter Achsstand	
Endwagen	14.300 mm
Mittelwagen	14.300 mm
Dienstmasse (Zug)	60 t
Höchstgeschwindigkeit	100 km/h
Leistung	8 x 90 kW
Motorbauart	Drehstrom-Asynchronmotor
Antriebsart	Tatzlager
Anfahrzugkraft	90 kN
Stromsystem	750 V=
Indienststellung	1987*, 1990 – 1994
Eingesetzt von	S-Bahn-Berlin
* 480 001 bis 480 004	

Durch die einteilige, leicht gewölbte Panoramascheibe hat der Fahrzeugführer eine gute Sicht nach vorn

Nachdem 1994 die beiden Teile der Berliner S-Bahn zusammengeführt wurden, war es nicht länger sinnvoll, unterschiedliche Neubaufahrzeuge zu beschaffen.

Entwicklung 1991 entstand ein „Lastenheft für das Einheitsfahrzeug der Berliner S-Bahn“, das 1994 noch einmal überarbeitet wurde. Es enthielt als wesentliche Ziele die Verbesserung von Komfort und Sicherheit für die Fahrgäste, eine Kostenreduzierung bei Anschaffung, Betrieb und Instandhaltung sowie eine flexible Gestaltung der Fahrgasträume. Auf der Grundlage dieses Hefts lieferte die Deutsche Waggonbau (DWA) zusammen mit AEG Schienenfahrzeuge Hennigsdorf 1996 die ersten Viertelzüge der Baureihe 481/482.

Fahrzeugbau Sie bestehen aus zwei betrieblich nicht trennbaren Wagen, die über eine Kurzkupplung miteinander verbunden sind. Erstmals ist für die Fahrgäste eine Übergangsmöglichkeit zwischen den Wagen vorgesehen. Weil nur in einem Wagen ein Führerstand eingebaut wurde, besteht die kleinste einsetzbare Einheit im Halbzug. Die mit dem Führerstand ausgerüstete Baureihe 481 hat zwei Triebdrehgestelle, die Baureihe 482 ein Trieb- und ein Laufdrehgestell, so dass sechs Achsen des Viertelzugs angetrieben sind.

Der Wagenkasten ist als Stahl-Leichtbaukonstruktion aus Edelstahl hergestellt. Er bietet gegenüber der Ausführung aus Aluminium deutliche Vorteile bei der Instandhaltung sowie bei der Instandsetzung nach Auffahrunfällen.

Die verwindungsweichen Drehgestelle in Stahl-Leichtbauweise basieren auf denen der Baureihe 480. Die Federung ist zweistufig. Als Primärfederung wurden Gummifedern gewählt, als Sekundärfederung eine kombinierte Gummi-Luftfederung. Der Luftdruck wird belastungsabhängig nachgeregelt.

Die gekrümmte Frontscheibe ist in einer Frontmaske aus Kunststoff gelagert. Die Seitenfenster sind optisch zu Doppelfenstern zusammengezogen. Im Gegensatz zu den Zügen der Baureihe 480 kann keines der Fenster geöffnet werden.

Drei zweiflügelige Schwenkschiebetüren ermöglichen einen schnellen Fahrgastwechsel.

S-Bahn-Triebwagen (Berlin) 481, 482

Weil sechs Achsen eines Viertelzuges angetrieben sind, haben die Züge eine hohe Beschleunigung

Elektrik Die guten Erfahrungen mit dem Antriebskonzept der Baureihe 480 führten zur Entscheidung, auch die Baureihe 481/482 mit Drehstromantriebstechnik auszustatten. Antriebs- und Laufdrehgestell sind weitgehend analog zur Baureihe 480 ausgeführt. Als Fahrmotoren werden eigenbelüftete Asynchronmotoren eingesetzt.

Die Bremsausrüstung mit einer elektrodynamischen und einer elektropneumatischen Bremse entspricht ebenfalls weitgehend der des 480. Je nach Aufnahmefähigkeit des Netzes wird bei der Betriebsbremsung die Bremsenergie rückgespeist oder über Bremswiderstände abgeleitet.

Die Fahrzeuge haben zwar eine Hauptluftleitung als Durchgangsleitung für das Einstellen in einen Wagenzug mit pneumatischer Bremse, über eine pneumatische Bremse verfügen sie aber nicht. Die Wirkung einer zerrissenen Hauptluftleitung, die zum sofortigen Auslösen einer Schnellbremsung führt, wird beim 481/482 durch eine elektrische Sicherheitsschleife realisiert.

Einsatz 2011 sind die Züge der Baureihe 481/482 in Grünau und Wannsee beheimatet. Sie werden gemeinsam auf allen Linien des Berliner S-Bahn-Netzes eingesetzt.

TECHNISCHE DATEN	
Länge über Kupplung	
Zug (Viertelzug)	36.800 mm
Endwagen	18.400 mm
Mittelwagen	18.400 mm
Achsfolge	Bo'2' + Bo'Bo'
Treibraddurchmesser	820 mm
Laufraddurchmesser	820 mm
Achsstand im Drehgestell	2.200 mm
Gesamter Achsstand	
Endwagen	14.300 mm
Mittelwagen	14.300 mm
Dienstmasse (Zug)	57 t
Höchstgeschwindigkeit	100 km/h
Leistung	6 x 100 kW
Motorbauart	Drehstrom-Asynchronmotor
Antriebsart	Läuferhohlwelle
Anfahrzugkraft	90 kN
Stromsystem	750 V=
Indienststellung	1996 – 2005
Eingesetzt von	S-Bahn-Berlin

Als einzige Baureihe der Berliner S-Bahn hatten die Züge der Baureihe 485 schwarze Fensterbänder

Mehr als 670 Vorkriegszüge hatte die DR auf der Berliner S-Bahn noch im Einsatz, als ab 1980 endlich eine neue Baureihe beschafft werden konnte.

Entwicklung Die heutige Baureihe 485/885 wurde zunächst als Baureihe 270 bezeichnet. Auf der Leipziger Frühjahrsmesse 1980 wurde ein erster Probezug der Öffentlichkeit vorgestellt. Zwischen 1980 und 1992 wurden 170 Viertelzüge, bestehend aus einem Trieb- und einem Beiwagen, in Dienst gestellt. Hersteller aller Fahrzeuge war LEW Hennigsdorf bzw. die AEG, die das Werk inzwischen übernommen hatte.

Fahrzeugbau Der selbsttragende Wagenkasten ist in Aluminium-Leichtbauweise unter Verwendung von Groß-Strangpressprofilen gefertigt. Der Wagenboden wurde in den Tragverband des Grundrahmens einbezogen, der auch die Kupplungsträger für die automatische Scharfenbergkupplung an der Stirnfront und die Kurzkupplung zwischen Trieb- und Beiwagen aufnimmt. Zwischen den Wagen gibt es keinen Übergang.

Eine H-förmige Schweißkonstruktion bildet den Rahmen der einheitlich gestalteten Trieb- und Laufdrehgestelle. Der Antrieb ist in Tatzlagerbauweise konstruiert. Zylindrische Schraubenfedern und in Reihe geschaltete Gummifedern übernehmen die Radsatzfederung. Der Wagenkasten stützt sich mit Flexicoilfedern auf den Drehgestellrahmen ab.

Die vier außen laufenden Schiebetüren je Wagenseite werden mit Druckknöpfen betätigt und mit Druckluft bewegt. Jeder Viertelzug hat nur einen Führerraum, der durch eine Tür vom Fahrgastraum betreten werden kann.

Elektrik Zwei Schleifer je Wagenseite nehmen die Fahrspannung von der Stromschiene ab. Alle Trieb- und Beiwagen sind mit einer Starkstromleitung durchgekuppelt. Mit einem Gleichstromsteller kann die Fahrspannung stufenlos den Fahrmotoren zugeführt werden. Weiterhin ermöglicht er die Rückführung von Bremsenergie in die Stromschienen.

Die Baureihe 485 verfügt über eine zentrale Zugsteuerung sowie einen elektronischen Schleuder- und Gleitschutz. Neben der elektrodynamischen Bremse ist eine elektropneumatisch bediente Scheibenbremse und eine Federspeicherbremse als Parkbremse vorhanden.

Wegen ihrer durchgehenden Starkstromleitung können die Züge nicht im

Die kleinste betriebsfähige Einheit besteht aus einem Viertelzug mit zwei Wagen

gesamten S-Bahn-Netz eingesetzt werden. Sie benötigen spezielle Überbrückungen an den Netz-Trennstellen.

Abweichend vom rot/beigefarbenen Standard-Anstrich der Berliner S-Bahn wurden die Züge zunächst mit roter Lackierung und dunklen Fensterbändern abgeliefert. Sie haben aber inzwischen die traditionelle zweifarbige Lackierung.

Innenraum Beide Teile eines Viertelzugs sind mit Großräumen ausgestattet. Sie enthalten offene Abteile und Traglastenabteile mit in Längsrichtung angeordneten Sitzen. Die Sitze sind gepolstert und mit Kunstleder bezogen, die Wände mit Kunststoffplatten verkleidet. An den Decken sind durchgehende Leuchtenbänder mit Leuchtstofflampen montiert.

Einsatz Die Züge sind in Grünau stationiert und werden nur noch sporadisch eingesetzt.

2010 gab es massive Probleme mit der Baureihe 481, viele Züge musten abgestellt werden. Deshalb beschloss die DB, einige 485 aufarbeiten zu lassen, um die Lücken zu schließen.

TECHNISCHE DATEN	
Länge über Kupplung	
Zug (Viertelzug)	36.200 mm
Endwagen	18.150 mm
Mittelwagen	18.050 mm
Achsfolge	Bo'2' + 2'2'
Treibraddurchmesser	850 mm
Laufraddurchmesser	850 mm
Achsstand im Drehgestell	2.500 mm
Gesamter Achsstand	
Endwagen	14.800 mm
Mittelwagen	14.800 mm
Dienstmasse (Zug)	60 t
Höchstgeschwindigkeit	90 km/h
Leistung	4 x 125 kW
Motorbauart	Gleichstrom-Reihenschlussmotor
Antriebsart	Tatzlager
Stromsystem	750 V=
Indienststellung	1985, 1987 – 1992
Eingesetzt von	S-Bahn-Berlin

In den drei Wagen mit großen Panoramafenstern finden 65 Reisende in bequemen Sesseln Platz

Ende der 1990er-Jahre beschloss die S-Bahn-Berlin, ein Fahrzeug zu beschaffen, mit dem sie Stadtrundfahrten auf dem Netz der S-Bahn anbieten konnte.

Entwicklung Die Idee hatte sie von den Berliner Verkehrs-Betrieben (BVG) übernommen, die ihre teilweise offenen Doppelstockbusse mit großem Erfolg als Ausflugsfahrzeuge einsetzen.

Aus Sicherheitsgründen entschied sich die Bahn für ein geschlossenes Fahrzeug, das mit großen Panoramafenstern einen guten Blick nach draußen gewährleisten sollte.

Es entstand ein dreiteiliger Triebzug mit zwei angetriebenen Endwagen und einem antriebslosen Mittelwagen. Der Zug sollte besonders hohen Komfort und Bequemlichkeit bieten. Aus Kostengründen zog man den Umbau vorhandener Fahrzeuge einer Neubeschaffung vor. Als Spenderfahrzeuge wurden die Viertelzüge 477 105, 877 105 und 477 130, 877 130 ausgewählt, die zur Untersuchung anstanden.

Fahrzeugbau Zunächst sollte das komplette Fahrwerk und der Kasten der Spenderfahrzeuge übernommen werden. Der Zustand des Kastens war aber so schlecht, dass er nicht mehr als Basis dienen konnte. Deshalb wurden nur die Drehgestelle und das Untergestell übernommen. Der Rest wurde in der Hauptwerkstatt Schöneweide, die den Panoramazug fertigte, neu gebaut.

Die Drehgestelle bestehen aus einem geschweißten H-förmigen Stahlrahmen. Schrauben- und Gummifedern stellen die Verbindung zwischen den Radsätzen und dem Drehgestellrahmen her.

Jeder Wagenteil hat nur eine zweiflügelige Schwenkschiebetür, die einen ebenen Einstieg vom Bahnsteig aus erlaubt. Die großen Panoramafenster sind durch besonders schmale Fensterstiele voneinander getrennt und reichen weit in den Dachbereich hinein. Stirnübergänge ermöglichen es den Fahrgästen, durch den ganzen Zug zu gehen.

Elektrik Den Antrieb übernehmen vierpolige Gleichstrom-Reihenschlussmotoren. Sie übertragen ihr Drehmoment über Tatzlager auf die Radsätze. Die elektrischen Einrichtungen zur Steuerung des Zuges mit Nockenschalt-

Panorama-S-Bahn-Triebwagen (Berlin) 488

Die Panorama-S-Bahn startet an den Wochenenden am Ostbahnhof zu ihren Rundfahrten

werk und den 15 Fahrstufen wurden von den Spenderwagen übernommen.

Innenraum Im Innenraum befinden sich große bequeme Einzelsitze mit Armlehnen. Sie bieten Platz für 65 Reisende. Die Sitze sind weich gepolstert und mit rotem Stoff bezogen. An einer Bar im Mittelwagen können Getränke und kleine Snacks geordert werden. Außerdem sind im Mittelwagen zwei Stellplätze für Rollstühle.

Einsatz Am 20. Januar 1999 wurde der noch nicht betriebsfähige Zug in der Hauptwerkstatt Schöneweide der Presse vorgestellt. Im August 1999 wurde er zum 75-jährigen Jubiläum der elektrischen S-Bahn der Öffentlichkeit präsentiert.

Der Zug startet meist am Wochenende im Ostbahnhof und fährt entweder über die Stadtbahn oder die Ringbahn wieder zurück zum Ostbahnhof. Er kann aber auch beispielsweise für Firmenausflüge gechartert werden.

TECHNISCHE DATEN	
Länge über Kupplung	
Zug	54.065 mm
Endwagen	17.430 mm
Mittelwagen	18.405 mm
Achsfolge	Bo'Bo' + 2'2' + Bo'Bo'
Treibraddurchmesser	900 mm
Laufraddurchmesser	900 mm
Achsstand im Drehgestell	2.500 mm
Gesamter Achsstand	
Endwagen	14.475 mm
Mittelwagen	14.825 mm
Dienstmasse (Zug)	125,4 t
Höchstgeschwindigkeit	80 km/h
Leistung	8 x 63 kW
Motorbauart	Gleichstrom-Reihenschlussmotor
Antriebsart	Läuferhohlwelle
Anfahrzugkraft	90 kN
Stromsystem	750 V=
Indienststellung	1998
Eingesetzt von	S-Bahn-Berlin

Verbrennungstriebwagen

Die vierteiligen Züge der Baureihe 605 haben Neigetechnik und einen dieselelektrischen Antrieb

Um auf kurvenreichen, nicht elektrifizierten Strecken die Geschwindigkeit und den Fahrkomfort erhöhen zu können, bestellte die DB Ende der 1990er-Jahre die Diesel-ICE-TD der Baureihe 605.

Entwicklung Bereits 1996 wurde ein Konsortium der Firmen Siemens, DUEWAG und DWA mit dem Auftrag zur Entwicklung des Neigezugs gebildet.

Gebaut wurden die Wagen zwischen 1999 und 2001. Siemens lieferte die Drehgestelle samt Neigetechnik und Elektrik, Fiat Ferroviaria stellte im Auftrag der DWA die Rohbauten der Endwagen her. Die Endfertigung der Triebwagen erfolgte bei DWA/Bombardier in Ammendorf. Bei der DB erhielten die Fahrzeuge die Bauartnummer 605. Jeder der Züge besteht aus den Wagen 605^0, 605^1, 605^2 und 605^5.

Fahrzeugbau Sämtliche Wagenkästen sind in Aluminium-Integralbauweise gefertigt und bestehen aus einer querträgerfreien Bodenplatte, auf der sich ein beblechtes Aluminiumgerippe befindet. An den Enden sind stabile Rammkonstruktionen eingearbeitet. Die Reisenden gelangen durch Übergänge mit Wellenbälgen in die Nachbarwagen. An den Endwagen sind Stoßverzehrelemente und ein Unterfahrschutz integriert. Der Zugang zu den Wagen erfolgt durch einflügelige Schiebetüren. Sämtliche Fenster sind von außen auf den Kasten geklebt.

Die Drehgestelle der Bauart SF 600 von Siemens-SGP sind als offener H-Rahmen gestaltet und mit Schraubenfedern sowie parallelen hydraulischen Dämpfern bestückt.

Der Wagenkasten liegt auf der oberen Traverse auf. Mit der unteren Traverse ist sie über Pendelträger und elektromechanische Stellglieder verbunden.

Antrieb Jeder Wagen wird von einem unterflur aufgehängten Sechs-Zylinder-Cummins-Dieselmotor Typ QSK 19-R 750 auf zwei Achsen angetrieben. Die Motoren haben Ladeluftkühlung und Abgasturbolader. Sie treiben Drehstrom-Synchrongeneratoren an, die ihre elektrische Energie an Asynchronfahrmotoren weiterleiten. Diese sind in den Drehgestellen aufgehängt.

Innenraum Die Sitze in den Großräumen sind in Reihen- und in Vis-à-vis-Bestuhlung angeordnet. Im 605^2 sind ein

Jeweils zwei Achsen eines jeden Wagens der vierteiligen Züge sind angetrieben

kleines Restaurant und das Zugführerabteil untergebracht.
Das Fahrgastinformationssystem (FIS) ist unter anderem mit einer Lautsprecheranlage und Zugzielanzeigern ausgestattet.

Einsatz Im April 1999 fanden im Prüfcenter in Wegberg-Wildenrath erste Probefahrten statt. Am 13. Februar 2000 stellte Zug 2 auf der Strecke Göttingen – Hannover mit einer Höchstgeschwindigkeit von 222 km/h einen neuen Weltrekord für Dieselfahrzeuge auf.

Die DB setzte die Züge zunächst auf den Strecken Hof – Dresden und München – Lindau – Zürich ein. Technische Probleme erzwangen 2003 die Abstellung der Neige-ICE. Sie wurden durch lokbespannte Züge oder weiß lackierte Triebwagen der Baureihe 612 ersetzt. Mehrere Versuche, die Züge ins Ausland zu verkaufen, schlugen fehl.

Zur Fußball-Weltmeisterschaft 2006 wurden einige Züge reaktiviert und im Sonderverkehr eingesetzt.

Die Züge sind inzwischen in Hamburg zu Hause und fahren nach Dänemark.

605 009 und 605 109 wurden nach einem Unfall ausgemustert.

TECHNISCHE DATEN		
Länge über Kupplung		
Zug (4-teilig)		106.700 mm
Endwagen		27.000 mm
Mittelwagen		25.000 mm
Achsfolge		2'Bo' + Bo'2' + 2'Bo' + Bo'2'
Treibraddurchmesser		860 mm
Laufraddurchmesser		860 mm
Achsstand im Drehgestell		2.600 mm
Gesamter Achsstand		21.600 mm
Dienstmasse		219 t
Höchstgeschwindigkeit		200 km/h
Leistung		4 x 560 kW
Motorbauart	Dieselmotor	6-Zylinder-Motor
	Elektromotor	Drehstrommotor
Leistungsübertragung		elektrisch
Antrieb		Bogenzahnkupplung
Anfahrzugkraft		160 kN
Indienststellung		2001
Eingesetzt von		DB Fernverkehr

Die dieselelektrischen VT2E wurden aus den DT3 der Hambuger Hochbahn entwickelt

Ab 1976 bot Linke-Hofmann-Busch (LHB) in Salzgitter mit dem zweiteiligen VT2E einen Triebwagen für den Einsatz auf Nebenbahnen an.

Entwicklung In den 1970er-Jahren benötigte die Eisenbahn Altona-Kaltenkirchen-Neumünster (AKN) moderne Fahrzeuge für ihr Streckennetz nördlich von Hamburg. LHB übernahm den Auftrag. Ab 1976 lieferte der Hersteller 16 zweiteilige Triebwagen des Typs VT2E mit je zwei Dieselmotoren an die AKN. Die als VT 2.31 bis VT 2.46 bezeichneten Fahrzeuge basieren auf den U-Bahn-Wagen des Typs DT 3 der Hamburger Hochbahn.

Ab 1981 bot LHB auch eine Version mit nur einem Dieselmotor als VT/VS2E an. Wagen dieser Bauart kamen 1987 zur Frankfurt-Königsteiner Eisenbahn (FKE) und bekamen die Nummern 1 bis 8. Heute fahren sie für die Hessische Landesbahn (HLB). 1991 wurden zwölf weitere Wagen beschafft und unter den Nummern 11 bis 21 eingereiht. Sie sind für den Verkehrsverband Hochtaunus (VHT) unterwegs.

1993 beschaffte die AKN weitere 18 Triebwagen. Die moderneren VTA basieren auf dem VT2E. Bei der AKN wurden sie als VT 2.51 bis VT 2.68 eingereiht. VT 2.51 bis 57 und 2.68 bekamen Stromabnehmer für die Stromschiene der Hamburger S-Bahn und können als Hybridfahrzeuge eingesetzt werden.

Auch die österreichische Graz-Köflacher Eisenbahn (GKE) hat Fahrzeuge dieser Bauart in ihrem Bestand. Sie wurden allerdings bei Simmering-Graz-Pauker in Graz gebaut und unterschieden sich unter anderem durch eine Toilette und stärkere Motoren von den deutschen Wagen.

Fahrzeugbau Zweiachsige Triebdrehgestelle an den Wagenenden beschleunigen die VT. In der Mitte liegen beide Wagenhälften auf einem antriebslosen Jakobsdrehgestell auf.

Vier Doppelschiebetüren auf jeder Längsseite ermöglichen einen schnellen Fahrgastwechsel.

Die Stahlleichtbaukonstruktion des Wagenkastens ist von außen mit Edelstahlblechen verkleidet. So konnte auf einen Anstrich verzichtet werden. Bei

Die VT/VS2E der HLB gehören zur Ausführung mit nur einem Dieselmotor

den älteren Wagen sind die Edelstahlbleche unter den Fenstern gesickt.

Über eine automatische Mittelpufferkupplung der Bauart Scharfenberg können mehrere Wagen mechanisch und elektrisch gekuppelt werden.

Die Triebwagen haben eine Magnetschienenbremse, eine elektrische Widerstandsbremse und eine Federspeicherbremse. Im Winter wird die Abwärme der Widerstandsbremse zum Heizen genutzt.

Antrieb Beim VT2E hat jede Hälfte eine unabhängige Antriebsanlage. Die MAN-Motoren leisten 228 kW. Sie sind mit einem Drehstromgenerator verbunden, der die Energie für die Gleichspannungs-Fahrmotoren in den Triebdrehgestellen liefert.

Bei den VT/VS2E wurde auf einen Dieselmotor verzichtet. Diese Triebwagen haben einen Mercedes-Benz-Motor mit einer Leistung von 463 kW. Auch die VTA haben nur einen Motor. Hier wurden Cummins-Motoren mit einer Leistung von 485 kW verwendet. Die Fahrmotoren der VTA werden mit Drehstrom betrieben.

Innenraum Im Inneren befinden sich Großräume mit offenen Abteilen. Die zunächst mit Kunstleder bezogenen Sitze haben einen 2+2-Teiler und sind vis-a-vis aufgestellt. Querwände mit Drehtüren trennen die beiden Führerräume von den Fahrgasträumen ab.

Eine Vielfachtraktionssteuerung ermöglicht es, bis zu vier Einheiten zu einem Zug zusammenzukuppeln.

TECHNISCHE DATEN (VT2E)		
Länge über Kupplung		
Zug (2-teilig)		32.620 mm
Endwagen		16.310 mm
Achsfolge		Bo'2'Bo'
Achsstand im Drehgestell		
Triebdrehgestell		2.100 mm
Jakobsdrehgestell		2.550 mm
Gesamter Achsstand		27.020 mm
Dienstmasse		51,9 – 55,5 t
Höchstgeschwindigkeit		88 – 100 km/h
Leistung		228 – 485 kW
Motorbauart	Dieselmotor	6-Zylinder-Motor
	Elektromotor	Drehstrommotor
Leistungsübertragung		elektrisch
Indienststellung		1976 – 1993
Eingesetzt von		AKN, HLB, VHT

Einheiten mit bis zu vier Wagen verlassen München. Später werden sie getrennt und fahren einzeln weiter

Der modular aufgebaute Triebwagen der Integral Verkehrstechnik AG konnte ein- oder doppelstöckig in unterschiedlichen Varianten geliefert werden.

Entwicklung Der von der Integral Verkehrstechnik AG in Jenbach (Österreich) entwickelte Glieder-Triebzug „Integral" besteht aus einem Baukastensystem mit unterschiedlichen Komponenten, so dass sich die Kunden ihre individuellen Fahrzeug-Konfigurationen aussuchen konnten. Neben unterschiedlichen Ausstattungen standen auch ein elektrischer Antrieb oder ein Dieselantrieb zur Auswahl.

Ursprünglich sollte mit den Integral-Zügen die Wiener S-Bahn modernisiert werden. Dazu kam es aber nicht.

Aus der gesamten Angebotspalette wurden nur 17 Fahrzeuge der Ausführung S5D95 für die Bayerische Oberland Bahn (BOB) gebaut.

Fahrzeugbau Der Zug besteht aus zwei Endsegmenten mit Führerständen und zweiachsigen Laufwerken sowie aus Mittelsegmenten, ebenfalls mit zweiachsigen Laufwerken. Zwischen diese Segmente können niederflurige, schwebende Elemente ohne Laufwerke eingereiht werden. Faltenbälge sichern die Übergänge zwischen den einzelnen Teilen. Die laufwerklosen Elemente hätten je nach Kundenwunsch ein- oder doppelstöckig ausgeführt werden können. Außerdem wurden Elemente mit unterschiedlicher Länge angeboten.

Die luftgefederten Radsätze sind beweglich im Rahmen montiert. Sie bilden ein virtuelles Drehgestell, in dem sich die Radsätze automatisch auf den Kurvenradius einstellen.

Die niederflurigen, 12.900 mm langen Mittelteile haben auf beiden Seiten je zwei zweiflügelige Schiebetüren.

Mit automatischen Scharfenberg-Mittelpufferkupplungen, die hinter geteilten Bugklappen verborgen sind, können bis zu vier Züge zu einer betrieblichen Einheit verbunden werden.

Antrieb Die Kopfteile wurden wahlweise mit oder ohne Antrieb angeboten. Die Kunden konnten zudem entscheiden, ob nur ein Radsatz oder beide Radsätze eines Kopfteils angetrieben werden sollten.

Die Züge der BOB haben drei MAN-Motoren vom Typ D2876 LUH mit jeweils

Die Integral Verkehrstechnik AG bot den Triebwagen als Baukastensystem an

315 kW. In einem der Triebköpfe sind zwei der Motoren, der dritte ist im anderen Triebkopf. Jeder Motor treibt über ein hydraulisches Getriebe von Voith einen Radsatz an.

Innenraum Die Triebwagen bieten 164 Reisenden der 2. Klasse und 14 Fahrgästen der 1. Klasse einen Sitzplatz. Dazu kommen 200 Stehplätze.

Einsatz Ab 1999 wurden die Triebwagen auf den Strecken der BOB eingesetzt. Allerdings traten bald nach der Inbetriebnahme so große Probleme mit dem Laufwerk auf, dass alle Züge abgestellt werden mussten und dem Hersteller zur Überarbeitung zurückgegeben wurden. 2001 gingen die Züge wieder in den Betrieb.

Die Züge fahren auf den Strecken von München nach Bayrischzell, Tegernsee und Lenggries. Sie beginnen als drei- oder – im Berufsverkehr – vierteilige Einheiten in München Hbf und werden in Holzkirchen geflügelt. Der vordere Zugteil fährt weiter nach Bayrischzell, die anderen beiden fahren gemeinsam weiter nach Schaftlach, wo sie ebenfalls getrennt werden. Der vordere Teil fährt dann nach Lenggries, der hintere nach Tegernsee. Auf der Rückfahrt werden die Züge in umgekehrter Reihenfolge wieder gekuppelt, so dass sie München wieder als Einheit erreichen.

TECHNISCHE DATEN	
Länge über Kupplung (5-teilig)	52.990 mm
Achsfolge	A'A'1'1'1'A'
Treibraddurchmesser	840 mm
Laufraddurchmesser	840 mm
Achsstand zwischen 2 Radsätzen	4.700 mm
Gesamter Achsstand	40.600 mm
Dienstmasse	84,5 t
Höchstgeschwindigkeit	160 km/h
Leistung	3 x 315 kW
Motorbauart	6-Zylinder-Motor
Leistungsübertragung	hydraulisch
Indienststellung	1998
Eingesetzt von	BOB

Das mechanische Neigesystem der zweiteiligen Wagen wurde von Fiat entwickelt

Um kürzere Fahrzeiten auf nicht ausgebauten Strecken zu erreichen, beschaffte die DB mit der Baureihe 610 erstmals in größerem Umfang Triebzüge mit Neigetechnik.

Entwicklung Die Baureihe 610 sollte dank ihrer Neigetechnik ein schnelleres Durchfahren der Kurven ermöglichen, damit die Fahrzeiten verkürzt werden können. Vorbilder waren die italienischen Neitechzüge der Bauart „Pendolino" und der spanische „Talgo".

1992/93 beschaffte die DB 20 zweiteilige Züge. Sie erhielten die Nummern 610 001/501 bis 610 020/520. MAN trat bei der Fertigung als Generalunternehmer auf, DUEWAG, ABB und Siemens waren mitbeteiligt.

Fahrzeugbau Die Wagenkästen der Fahrzeuge bestehen aus Aluminium-Pressprofilen in geschweißter, selbsttragender Bauweise. Sie ruhen auf je zwei zweiachsigen Drehgestellen. Die gleisbogenabhängige Wagenkastensteuerung von Fiat bewegt bei Bogenfahrten den freischwingend aufgehängten Wagenkasten. Beschleunigungsmesser und Sensoren erkennen Beginn und Ende der Kurven. Sie steuern Hydraulikzylinder, die die Wagenkästen um maximal 8° nach links oder rechts neigen, um die die Seitenbeschleunigung zu vermindern.

Der Einstieg erfolgt durch vier einflügelige Schiebetüren je Wagenseite. Die beiden Wagenhälften sind über eine verschraubte Kurzkupplung mit Hydraulikfedern miteinander verbunden. Über automatische Mittelpufferkupplungen können mehrere Züge miteinander verbunden werden.

Neben den Schraubenfedern sorgt eine pneumatisch aktive Querfederung zwischen den zweiachsigen Drehgestellen und dem Wagenkasten dafür, dass der Kasten mittig über den Drehgestellen bleibt.

Antrieb Zwei 485 kW starke, wassergekühlte MTU-Dieselmotoren mit zwölf Zylindern und Ladeluftkühlung treiben die Wagen an. Beide Motoren sind mit Drehstrom-Synchrongeneratoren gekuppelt. Die Drehstromfahrmotoren treiben über Gelenkwellen und Radsatzgetriebe die innenliegenden Radsätze der drei motorisierten Drehgestelle an.

Mit der Vielfachsteuerung können bis zu vier Triebzüge von einem Führerstand aus bedient werden. Die induktive Zugsicherung (Indusi) wird durch

Seit einiger Zeit sind die Wagen nur noch mit verkehrsrotem Anstrich im Raum Nürnberg anzutreffen

eine punktförmige Zugbeeinflussung ergänzt, die in Gleisbögen die zulässige Geschwindigkeit überprüft.

Innenraum Die Fahrgasträume sind als offene Großräume ausgeführt. Die 1. Klasse hat im 610^5 ihren Platz gefunden. Über den gepolsterten Sitzen sind Gepäckablagen. Etwa die Hälfte der Sitze ist in Reihe aufgestellt, die restlichen stehen sich gegenüber und bilden offene Abteile mit Klapptischen. Die Toilette befindet sich in der Mitte der Doppelwagen.

Einsatz Die als „Pendolino" bekannten Wagen werden im schnellen Bezirksverkehr von Nürnberg aus in Richtung Oberpfalz bzw. Oberfranken eingesetzt. Dabei sind sie auch als Flügelzüge unterwegs, das heißt, dass mehrere gekuppelte Züge in Verzweigungsbahnhöfen getrennt oder verbunden werden, z. B. in Schnabelwaid.

Im Februar 2005 ließ die DB die Neigetechnik stilllegen, weil der Hersteller einer neuen Software deren einwandfreie Funktion nicht garantieren konnte. Inzwischen sind die Probleme behoben und die Wagen fahren wieder „bogenschnell".

TECHNISCHE DATEN		
Länge über Kupplung		
Zug (2-teilig)		51.750 mm
Endwagen		25.875 mm
Achsfolge		2'(A1)' + (1A)'(A1)'
Treibraddurchmesser		890 mm
Laufraddurchmesser		890 mm
Achsstand im Drehgestell		2.450 mm
Gesamter Achsstand		19.950 mm
Dienstmasse		95,4 t
Maximale Radsatzlast		13,4 t
Höchstgeschwindigkeit		160 km/h
Leistung		2 x 485 kW
Motorbauart	Dieselmotor	12-Zylinder-Motor
	Elektromotor	Drehstrommotor
Leistungsübertragung		elektrisch
Antrieb		Gelenkwellen, Radsatzgetriebe
Indienststellung		1992 – 1993
Eingesetzt von		DB Regio

Im Gegensatz zur Baureihe 610 hat die Baureihe 611 eine elektronisch gesteuerte Neigetechnik

Nach dem Erfolg der Baureihe 610 in Bayern wollten auch andere Bundesländer solche Züge einsetzen. Dies führte zur Bestellung der Baureihe 611 bei ADtranz.

Entwicklung Ab Ende 1996 erhielt die DB 50 zweiteilige Züge der Baureihe 611. Sie tragen die Nummern 611 001/501 bis 611 050/550 und sind mit dem elektronisch gesteuerten Neigesystem „neicontrol E" ausgestattet.

Fahrzeugbau Der Wagenkasten lehnt sich in seiner Konstruktion aus Leichtbau-Strangpressprofilen an die Baureihe 610 an. Er ist komplett geschweißt und selbsttragend.

Zum Ein- und Aussteigen stehen vier Schiebetüren an den Enden und in der Mitte des Zuges zur Verfügung.

Die Fenster sind fest montiert. Sie können teilweise oben nach innen geöffnet werden.

Beide Wagenteile sind durch eine im Betrieb nicht lösbare Kupplung und einen Faltenbalgübergang verbunden. Mit automatischen Kupplungen der Bauart Scharfenberg können mehrere Züge zu einer Einheit verbunden werden.

Die Drehgestelle haben einen kastenförmigen Rahmen. Sie sind mit Schraubenfedern (primär) und Luftfedern (sekundär) ausgestattet. Die beiden mittleren Drehgestelle sind angetrieben.

Die Neigetechnik ist komplett in die Drehgestelle integriert und ermöglicht die Neigung des Wagenkastens um bis zu 8°. Sensoren erfassen die in den Gleisbögen auftretenden Kräfte und übermitteln sie an die Neigeelektronik, die ihrerseits Stellmotoren anspricht. Diese übertragen ihr Drehmoment über ein Stirnradgetriebe und einen Spindelantrieb auf Gelenkhebel, die den Wagenkasten neigen.

Antrieb Je Triebwagenhälfte ist ein Zwölf-Zylinder-Dieselmotor des MTU-Typs 12 V 183 TD 13 schwingungsisoliert unterflur aufgehängt. Im Gegensatz zur elektrischen Kraftübertragung beim Vorgängermodell 610 wurde die bei der DB beliebtere hydraulische Kraftübertra-

Bis zu vier Triebzüge können dank moderner Bustechnik von einem Führerstand aus ferngesteuert werden

gung gewählt. Über ein mikroprozessorgesteuertes, hydrodynamisches Voith-Strömungsgetriebe mit Wandler-Kupplung und Gelenkwellen wird die Kraft auf die Achsgetriebe beider Radsätze des Triebgestells übertragen.

Die Steuerung der Fahrzeuge erfolgt mit der elektronischen Leittechnik „Geatec II“. Sie verfügt über einen 32-Bit-Prozessor mit Multi-Bustechnik. Damit können bis zu vier Triebwagen von einem Führerstand aus bedient werden.

Innenraum In den Wagen befinden sich offene Großräume mit Vis-à-vis- und Reihenbestuhlung. Die gepolsterten Sitze haben das blaue „RegionalBahn“-Design. Ein Leuchtenband an der Wagendecke sorgt für Helligkeit in den Innenräumen. Am Wagenende des 611[5] ist das 1.-Klasse-Abteil zu finden.

Einsatz Schon bald nach der Ablieferung führten Schwierigkeiten wie Anrisse in den Drehgestellen zu einem zeitweiligen Abnahme- und Einsatzstopp.

Nach vielen Anlaufschwierigkeiten sind die Triebwagen nun in Ulm beheimatet. Sie gehören der DB Regionalbahn Alb-Bodensee und werden als InterRegioExpress-Züge (IRE) oft in Doppel-, Dreifach- oder gar Vierfach-Traktion unter anderem nach Stuttgart, Tübingen und Aulendorf sowie zwischen Ulm und Friedrichshafen eingesetzt.

TECHNISCHE DATEN	
Länge über Kupplung	
Zug (2-teilig)	51.750 mm
Endwagen	25.400 mm
Achsfolge	2'B' + B'2'
Treibraddurchmesser	890 mm
Laufraddurchmesser	890 mm
Achsstand im Drehgestell	2.450 mm
Gesamter Achsstand	19.950 mm
Dienstmasse	116 t
Höchstgeschwindigkeit	160 km/h
Leistung	2 x 540 kW
Motorbauart	12-Zylinder-V-Motor
Leistungsübertragung	hydraulisch
Antrieb	Gelenkwellen, Radsatzgetriebe
Anfahrzugkraft	120 kN
Indienststellung	1997 – 1998
Eingesetzt von	RAB

Mit Ausnahme der glasfaserverstärkten Führerhäuser entsprechen die 612 der Vorgängerbaureihe 611

Basierend auf dem Vorgängermodell 611 wurde die Baureihe 612 als „Regio-Swinger" mit modifizierter Kopfform und Inneneinrichtung entwickelt.

Entwicklung Für die Baureihe 612 wurde im Wesentlichen die Konstruktion der Baureihe 611 übernommen. Neu jedoch die aus glasfaserverstärktem Kunststoff hergestellten Führerhäuser.

Fahrzeugbau Moderne Leicht- und Integralbauweise dominiert die Struktur des zweiteiligen Zuges. Die Wagenkästen bestehen aus Aluminium-Groß-Strangpressprofilen. Längsgeschweißte Hohlkammerprofile sind zu Boden-, Seitenwand- und Dachelementen zusammengefügt. Alle metallischen Überlappungen sind zum Schutz gegen Korrosion mit einer PUR-Dichtmasse versiegelt.

Die elektronische Neigeeinrichtung AEG-Neicontol-E von ADtranz ermöglicht das Neigen des Kastens um 8° in beide Richtungen. Bei Kurvenfahrten werden die Bewegungen der Drehgestelle von Sensoren erfasst und über eine Elektronik an die Stellmotoren weitergeleitet. Ein bürstenloser Servomotor überträgt sein Drehmoment über ein Stirnradgetriebe und einen linearen Spindelantrieb auf den Wagenkasten.

Die Drehgestelle bestehen aus einem Hauptrahmen, der über primäre und sekundäre Luftfedern mit dem Wagenkasten verbunden ist. Durch vier einfache Schwenkschiebetüren je Längsseite können die Reisenden ein- und aussteigen. Ein Faltenbalg sichert den Übergang zwischen den beiden Wagenteilen.

Sämtliche Triebwagen der Baureihe 612 wurden verkehrsrot geliefert.

Antrieb In jeder Wagenhälfte übernimmt ein direkt einspritzender, elektronisch geregelter Sechs-Zylinder-Cummins-Dieselmotor der Bauart QSK R-19 750 mit Abgasturbolader und Ladeluftkühlung den Antrieb. Ein Voith-Strömungsgetriebe der Bauart Tr 312 b überträgt das Drehmoment des Motors auf die mittleren Drehgestelle der Doppelwagen.

Mit Ausnahme der Klimaeinrichtungen sind alle Aggregate unterflur angeordnet.

Die Baureihe 612 wird im schnellen Regionalverkehr auf nicht elektrifizierten Strecken eingesetzt

Innenraum Die Wagen haben in beiden Klassen Großräume. Das 1.-Klasse-Abteil ist hinter dem Führerraum des 612° angeordnet. Der Mehrzweckraum ist am mittleren Ende des 612° untergebracht. Die festen Sitze sind sowohl in Reihe als auch vis-à-vis angeordnet und mit blauem Stoff bezogen. Kopfpolster, Armlehnen und Längsgepäckablagen ergänzen die Ausstattung.

Einsatz Die zu DB Regio gehörenden Wagen werden im schnellen Regionalverkehr von den Betriebshöfen Dresden, Erfurt, Halle, Hof, Kaiserslautern, Kassel, Kempten und Leipzig eingesetzt.

2003 übernahmen 17 Wagen aus Hof den Dienst der ausgefallenen Baureihe 605. Sie wechselten dafür zu DB Fernverkehr, bekamen den weißen ICE-Anstrich und ihre Ordnungsnummer wurde um 400 erhöht. Der Innenraum blieb unverändert. Inzwischen wurden die Triebwagen an DB Regio zurückgegeben und rot lackiert.

Der unter Regie und auf eigene Kosten von ADtranz entwickelte Prototyp 612901/902 gehört der DB Systemtechnik Minden und wird in ganz Deutschland zur Erprobung neuer Komponenten verwendet.

Acht Triebwagen wurden an die Kroatische Eisenbahn verkauft. Dort fahren sie seit 2005 auf der Strecke Zagreb – Split. Seit 2007 sind sie aber auch auf anderen Strecken unterwegs.

TECHNISCHE DATEN	
Länge über Kupplung	
Zug (2-teilig)	51.750 mm
Endwagen	25.400 mm
Achsfolge	2'B' + B'2'
Treibraddurchmesser	890 mm
Laufraddurchmesser	890 mm
Achsstand im Drehgestell	2.450 mm
Gesamter Achsstand	19.950 mm
Dienstmasse	108 t
Höchstgeschwindigkeit	160 km/h
Leistung	2 x 559 kW
Motorbauart	6-Zylinder-Motor
Leistungsübertragung	hydrodynamisch
Antrieb	Gelenkwellen, Radsatzgetriebe
Indienststellung	seit 2000
Eingesetzt von	DB Regio, DB Systemtechnik

Mit 26 Triebwagen bedient VIAS den Regionalverkehr rund um den Odenwald

Neben dem einteiligen Regio Shuttle RS1 bietet Bombardier unter der Bezeichnung „Itino“ einen zwei- oder dreiteiligen RegionalBahn-Triebwagen an.

Entwicklung Um seinen Kunden auch einen größeren RegionalBahn-Triebwagen als den einteiligen RS 1 anbieten zu können, entwickelte Adtranz (heute Bombardier) die mehrteiligen Triebwagen Itino. Die Züge sind modular aufgebaut und können als zwei- oder dreiteilige Einheiten mit unterschiedlichen Antrieben und Ausstattungen bestellt werden. Der Hersteller bietet die Fahrzeuge sowohl mit dieselhydraulischem als auch mit dieselmechanischem Antrieb an.

Fahrzeugbau Die Wagenkästen sind bis auf die Kopfteile aus Aluminiumprofilen gefertigt. Für die Führerräume wurde glasfaserverstärkter Kunststoff GFK verwendet.

Ein Crashsystem soll Beschädigungen bei Aufstößen vermeiden. Dazu haben die Wagen Stoßverzehrelemente neben den automatischen Scharfenbergkupplungen. Bei Unfällen nehmen die Elemente Energie auf, indem sie sich verformen.

Zwischen den beiden angetriebenen Enddrehgestellen laufen antriebslose Jakobsdrehgestelle, auf die sich je zwei Wagenkästen abstützen.

Außer der elektropneumatischen Bremse haben die Fahrzeuge einen Retarder, der in das Getriebe integriert ist. Beide Bremssysteme werden über einen Rechner koordiniert, der die optimale Bremsleistung ermittelt. Er bevorzugt die verschleißfreie Retarder-Bremse und schaltet erst bei höheren Bremskräften die pneumatische Bremse zu.

Antrieb Bis zum Baujahr 2006 wurden 12-Zylinder-MAN-Motoren vom Typ D 2842 LE 607 mit einer Leistung von 500 kW eingesetzt. 2008 wechselte man zum 8-Zylinder-Motor Typ Vector 8 von Fiat Powertrain Technologies mit einer Leistung von 560 kW.

Die Züge wurden bekamen zunächst ein Voith Turbogetriebe vom Typ T212. Es gibt sie aber auch mit dem Schaltgetriebe Ecolife von ZF Friedrichshafen.

Zweiteiliger RegionalBahn-Triebwagen 615

Einziger Itino bei der EIB ist der 615 201. ER war der erste Itino bei einer deutschen Privatbahn

Über Dachkühlanlagen wird die Abwärme der Antriebsanlagen abgeführt.

Innenraum Die Innenräume sind klimatisiert. Zwischen den beiden Einstiegräumen sind die Züge niederflurig ausgeführt. Hier sind die rollstuhlgerechten Einstiegsräume und die behindertengerechte Toilette. Über den angetriebenen Enddrehgestellen musste der Boden erhöht eingebaut werden.

Einsatz Der 615 201 war der erste Itino in Deutschland. Er gehört der Erfurter Bahn (EIB), die ihn zusammen mit Regio Shuttle auf den Strecken Erfurt – Kassel und Erfurt – Ilmenau einsetzt.

Die Triebwagen 615 101 bis 126 fahren für die VIAS GmbH. Seit Dezember 2005 wurden die ersten 22 Triebwagen im Plandienst eingesetzt. Die restlichen vier folgten im März 2010. Die Züge sind im Odenwald auf den Strecken Eberbach – Darmstadt – Frankfurt (Main) und Wiebelsbach – Frankfurt (Main) unterwegs.

24 zweiteilige und sechs dreiteilige Itino werden zu Zeit in Schweden von der Tåg i Bergslagen eingesetzt.

TECHNISCHE DATEN	
Länge über Kupplung	
Zug (2-teilig)	39.470 mm
Endwagen	25.400 mm
Achsfolge	B'2'B'
Achsstand im Drehgestell	
Triebdrehgestell	2.100 mm
Laufdrehgestell	2.700 mm
Dienstmasse	77 t
Höchstgeschwindigkeit	140 km/h
Leistung	2 x 500 kW
Motorbauart	12-Zylinder-Motor
Leistungsübertragung	hydraulisch
Antrieb	Gelenkwellen, Radsatzgetriebe
Indienststellung	seit 2004
Eingesetzt von	EIB,VIAS

Der VT 420 wurde 1994 gebaut und kam 2001 von der Wieslauftalbahn zur WEG

Mit den vierachsigen Dieseltriebwagen der Bauart NE 81 konnte ab 1981 der dringende Bedarf an Fahrzeugen für den Einsatz auf Nebenstrecken privater EVU gedeckt werden.

Entwicklung DUEWAG und die Waggon-Union entwickelten Ende der 1970er-Jahre mit dem NE 81 einen Dieseltriebwagen für den Einmannbetrieb, der besonders auf private Eisenbahnverkehrsunternehmen zugeschnitten ist. Ab 1981 wurden die Wagen von mehreren privaten Bahngesellschaften beschafft. In vier Serien wurden insgesamt 26 Triebwagen, drei Beiwagen und 14 Steuerwagen hergestellt.

Die zweite Serie unterscheidet sich unter anderem durch ihre modifizierte Form mit kleinerer Frontscheibe und neuen Scheinwerfern von den Vorgängern. In die ab 1993 gebauten Wagen wurden zudem andere Sitze eingebaut. Die Höchstgeschwindigkeit konnte auf 100 km/h angehoben werden.

Die letzten NE 81 wurden 1995 bereits von ABB Henschel ausgeliefert, nachdem das Untermnehmen die Waggon-Union übernommen hatte.

Fahrzeugbau Der elektrisch verschweißte Wagenkasten besteht aus einer von außen beblechte Stahlkonstruktion in Profil-Bauweise. Weil sich die Konstruktion der Wagen stark an die von Straßen-Omnibussen anlehnt, konnten zahlreiche Bauteile wie Motoren, Türen und Fenster aus dem Omnibusbau übernommen werden.

Antrieb Die Wagen der ersten Serie haben zwei MAN-Motoren mit einer Leistung von je 200 kW. Alle vier Achsen sind angetrieben. Damit können die Fahrzeuge in der Ebene eine Anhängelast von 400 t befördern. Bei den NE 81 der zweiten Serie wurde die Leistung auf 2 x 250 kW gesteigert.

Innenraum Das Innere ist als Großraum mit offenen Abteilen und Reihensitzen in 2+2-Anordnung ausgeführt. Weil die Wagen für den Einmann-Be-

Der VT 422 gehört zur zweiten Lieferserie und hat eine Leistung von 2 x 250 kW

trieb vorgesehen sind, wurden die Führerstände nicht vom Fahrgastraum abgetrennt. So kann der Fahrer den Fahrgastraum überwachen und Fahrkarten verkaufen.

Eine Glaswand mit Pendeltür trennt den Fahrgastraum in zwei Abteile. Einige Triebwagen sind mit einem geschlossenen WC-System ausgestattet. Die übrigen Züge wurden ohne WC geliefert.

Einige EVU stellten Fahrkartenautomaten in ihren Wagen auf.

Einsatz Die NE 81 können zusammen mit Bei- und Steuerwagen oder in Mehrfachtraktion eingesetzt werden. Wegen ihrer staken Motorisierung eignen sie sich auch als Schlepptriebwagen im leichten Güterzugdienst.

Im Herbst 2006 übernahm die Westfrankenbahn, eine Tochter von DB Regio, drei Trieb- und zwei Steuerwagen von der Kahlgrund Verkehrs-GmbH und reihte sie als Triebwagen 626 981 (ex VT 81) und 982 (ex VT 82) sowie als Steuerwagen 926 983 ex (VS 183) und 984 (ex VS 184) in ihren Bestand ein. Die Wagen bekamen den verkehrsroten Anstrich von DB Regio. Sie dienen als Reserve und werden wegen ihrer Zugkraft auch vor Bauzügen eingesetzt. Der Triebwagen der VT 80 der KVG ging an die Hochwaldbahn GmbH und ist nun in Hermeskeil zu Hause.

Außer bei der DB waren 2010 bei folgenden privaten EVU noch Fahrzeuge der Bauart NE 81 im Bestand: SWEG, HzL, WEG, RBG und NOB.

TECHNISCHE DATEN	
Länge über Puffer	23.894 mm
Achsfolge	B'B'
Treibraddurchmesser	900 mm
Achsstand im Drehgestell	2.200 mm
Gesamter Achsstand	17.300 mm
Dienstmasse	39 t
Höchstgeschwindigkeit	80*, 100** km/h
Leistung	2 x 200*, 2 x 250** kW
Motorbauart	Motor
Leistungsübertragung	hydrodynamisch
Antrieb	Gelenkwellen, Radsatzgetriebe
Indienststellung	1981 – 1995
Eingesetzt von	DB Regio, private EVU

* 1. Bauserie, 2. Bauserie

EVB und HLB gehören zu den wenigen privaten EVU, die die Baureihe 628 einsetzen

1986 beschaffte die DB nach zwei Vorserien eine Großserie zweiteiliger Dieseltriebwagen für den Nahverkehr.

Entwicklung DUEWAG, LHB und MBB traten 1986 bis 1989 als Lieferanten der 150 zweiteiligen Züge auf, die mit den Nummern 628/928 201 bis 628/928 350 in den Bestand eingereiht wurden. Wegen der vielseitigen Einsatzmöglichkeiten des 628 bestellte die DB weitere Fahrzeuge, die mit geringen Änderungen als Baureihe 628^4 in den Bestand übernommen wurden. Zwischen 1992 und 1996 verließen in mehreren Bauserien noch einmal 309 Züge die Werke von AEG, DUEWAG und LHB. Sie erhielten die Betriebsnummern 628/928 401 bis 628/928 705 sowie 628^9/629.

Fahrzeugbau Die Wagenkästen in Leichtbauweise stützen sich über Luftfederbälge auf die Drehgestelle der Bauart Wegmann ab. An beiden Zugenden sind normale Schraubenkupplungen und Seitenpuffer montiert. Durch den Einbau eines Faltenbalgs wurde die Durchgangsbreite zwischen den beiden Wagen vergrößert. Von den 628^2 unterscheiden sich die 628^4 durch den vergrößerten, zweitürigen Einstiegsraum am Kurzkupplungsende und durch Unterfahrbleche unter den Puffern.

Antrieb Technisch konnte die Konzeption des 628^1 größtenteils übernommen werden. Der Antrieb erfolgt vom Zwölf-Zylinder-Dieselmotor über eine Gelenkwelle und ein Zweiwandler-Getriebe auf die beiden Achsen des hinteren Drehgestells. Die Technik des 628^4 unterscheidet sich wenig vom 628^2. Es wurde nur ein anderes Getriebe eingebaut.

Innenraum Die Innenräume sind als Großräume mit offenen Abteilen und einer 2+2-Sitzaufteilung eingerichtet. Außerdem wurde eine Toilette eingebaut und ein Traglastenabteil abgetrennt.

Einsatz Die Züge 628 405 bis 408 wurden nicht an die DB, sondern an die Eisenbahnen und Verkehrsbetriebe Elbe-Weser übergeben.

Zweiteiliger RegionalBahn-Triebwagen 628, 629

Die Unterbauart 628^4 unterscheidet sich durch Doppeltüren am Kurzkupplungsende von den Vorgängern

Die Züge 628 505 und 506 sind im Besitz der Luxemburgischen Staatseisenbahnen (CFL) und werden von der DB grenzüberschreitend eingesetzt.

628 679 und 680 gehören den rumänischen Eisenbahnen CFR.

Der Regionalbahn Alb-Bodensee wurden die in Ulm beheimateten 628 333 bis 350 zugeordnet.

Zur Kurhessenbahn gehören die in Kassel beheimateten 628 223, 228 bis 228, 235, 250, 252 und 255.

Die in Mühldorf beheimateten Triebwagen wurden von der SüdostBayernBahn übernommen.

24 Triebwagen gehören zur Westfrankenbahn. Sie sind in Schöllkrippen beheimatet.

Für den Einsatz auf den Steilstrecken rund um Kaiserslautern entstanden sechs Triebwagen mit je zwei Maschinenanlagen, also mit doppelter Leistung. Sie werden als Baureihe 628^9/629 geführt.

Bei den in Tier und Ulm beheimateten 628/629 wurden einfach zwei Motorwagen gekuppelt und die zugehörigen Steuerwagen abgestellt.

TECHNISCHE DATEN	
Länge über Kupplung	
Zug (2-teilig)	45.400; 46.400* mm
Endwagen	22.700; 23.200* mm
Achsfolge	2'B' + 2'2'; 2'B' + B'2'**
Treibraddurchmesser	760 mm
Laufraddurchmesser	760 mm
Achsstand im Drehgestell	1.900 mm
Gesamter Achsstand	17.000 mm
Dienstmasse	66,9; 69,9*; 84** t
Höchstgeschwindigkeit	120 km/h
Leistung	410; 485*; 2 x 485** kW
Motorbauart	12-Zylinder-Motor
Leistungsübertragung	hydraulisch
Antrieb	Gelenkwellen, Radsatzgetriebe
Indienststellung	1987 – 1995
Eingesetzt von	DB Regio, EVB, HLB, KHB, SOBB, RAB, WFB

* Baureihe 628^4 ff, ** Baureihe 628^9/629

Im Niederflurbereich in der Mitte des Wagens sind ein Mehrzweckraum und die Toilette untergebracht

Die einteiligen Triebwagen der Baureihe 640 („LINT 27“) gehören zu den neueren Regional- und Nahverkehrstriebwagen der DB. Sie entstanden bei Alstom-LHB im niedersächsischen Salzgitter.

Entwicklung Das Fahrzeug für Nebenstrecken wurde aus dem Leichttriebwagenkonzept „LINT“ (**L**eichter **I**nnovativer **N**ahverkehrs**t**riebwagen) abgeleitet. Alstom-LHB in Salzgitter entwickelte mit dem „LINT“ ein Baukastensystem für ein- und zweiteilige Leichttriebwagen, letztere als Gelenk- oder Doppeltriebwagen.

2000 und 2001 gingen bei der DB 30 Triebwagen 1999 als Baureihe 640 in Betrieb. 2004 kamen 10 einteilige „LINT 27“ zur vectus-Verkehrsgesellschaft. Veolia Verkehr Sachsen-Anhalt nahm sieben Exemplare in ihren Bestand auf.

Fahrzeugbau Die verwindungssteifen Kästen wurden aus nicht rostendem Stahl in Leichtbauweise gefertigt. Sie entsprechen der UIC-Forderung nach einer statischen Belastbarkeit von 1.500 kN Prüfkraft in Längsrichtung. Die Dächer in Gerippebauweise bestehen aus abgekanteten Profilen. Die Seitenwand- und Dachbleche sind von außen auf das Kastengerippe aufgeschweißt. Für die Köpfe wurden glasfaserverstärkte Kunststoffteile (GfK) mit dem Wagenkasten verklebt. Das Untergestell ist an beiden Enden verstärkt, um Schäden bei Unfällen zu verringern.

Alle Fenster sind einteilig und können nicht geöffnet werden. Der Zugang zu den Fahrzeugen erfolgt durch je zwei zweiflügelige Schiebetüren in den mittleren, niederflurigen Bereichen der Triebwagen.

Die baugleichen Trieb- und Laufdrehgestelle bestehen aus einem geschweißten H-Rahmen mit Kastenprofilen. Schwingungs- und Schlingerdämpfer ergänzen die Luftfederung.

Das dreistufige Bremssystem besteht aus einer hydrodynamischen Retarderbremse, einer elektropneumatischen Scheibenbremse mit Wellenbremsscheiben und einer Magnetschienenbremse.

An den Wagenenden sind automatische Kupplungen der Bauart Scharfenberg vorhanden. Eine Vielfachsteue-

Die Triebwagen der Baureihe 640 können zusammen mit den Baureihen 641 bis 644 eingesetzt werden

rung ermöglicht die Bildung von längeren Zugverbänden auch mit den Baureihen 641, 642, 643 und 644.

Antrieb Der Dieselmotor entspricht der EURO-2-Norm. Er ist unterflur aufgehängt. Das Drehmoment wird über Gelenkwellen an die Achsgetriebe in eines der Drehgestelle weitergeleitet, das andere ist ohne Antrieb.

Innenraum Im Inneren sind die Triebwagen als Großräume mit Sitzen in verschiedenen Anordnungen eingerichtet. In der Mitte sind ein Mehrzweckraum mit Klappsitzen und die Vakuum-Toilette platziert. Das 1.-Klasse-Abteil befindet sich im Hochflurbereich an einem Wagenende. Acht Sitze in Vis-à-vis-Anordnung sind mit kleinen Tischen zu offenen Abteilen zusammengefasst.

Einsatz Die DB-Fahrzeuge sind in Dortmund beheimatet und werden von dort aus im Regionalverkehr unter anderem auf den Strecken Finnentrop – Olpe (Biggetalbahn), Siegen – Bad Berleburg (Rothaarbahn) und Dillenburg – Au (Sieg) eingesetzt.

Die farbenfroh grün, weiß und gelb lackierten vectus-Fahrzeuge sind auf den RegionalBahn-Linien rund um Limburg im Einsatz.

Veolia setzt ihre Wagen als Harz-Elbe-Express (HEX) im Großraum Halle (Saale), Magdeburg und Halberstadt ein. Diese Wagen haben einen blau/weißen Anstrich.

TECHNISCHE DATEN	
Länge über Kupplung	27.260 mm
Achsfolge	B'2'
Treibraddurchmesser	770 mm
Laufraddurchmesser	770 mm
Achsstand im Drehgestell	1.900 mm
Gesamter Achsstand	20.350 mm
Dienstmasse	40,9 t
Maximale Radsatzlast	14,7 t
Höchstgeschwindigkeit	120 km/h
Leistung	315 kW
Motorbauart	6-Zylinder-Motor
Leistungsübertragung	hydrodynamisch
Antrieb	Gelenkwelle, Radsatzgetriebe
Indienststellung	2000 – 2001
Eingesetzt von	DB Regio, HEX, VCT

Neben der DB AG beschafften auch die SNCF und die CFL den einteiligen 641

Als zweites Leichtbaufahrzeug neben der Baureihe 640 entwickelte LHB einen weiteren einteiligen Triebwagen.

Entwicklung Die Baureihe 641 entstand in Kooperation mit dem französischen Waggonbauer DeDietrich, der wie LHB zum Alstom-Konzern gehört und die Leitung des Projekts übernommen hatte.

Fahrzeugbau Der Kasten besteht aus einem Mittelteil und den beiden Kopfteilen. Das geschweißte Mittelteil wurde aus Aluminium-Strangpressprofilen hergestellt. Die Kopfteile bestehen aus Stahlprofilen und GfK-Formteilen, die so konzipiert sind, dass sie bei einem Aufprall als Stoßverzehrelemente wirken. Über dem Niederflurbereich ist das Dach abgesenkt, so dass dort die Motorkühlanlage, die Batterieanlage und das Klimagerät untergebracht werden konnten. Als Besonderheit verfügen die Wagen über einen Seitenaufprallschutz.

Die Seitenfenster aus Verbund-Sicherheitsglas sind von außen auf den Kasten aufgeschraubt und bilden ein durchgehendes Fensterband. Auf jeder Längsseite befinden sich zwei einflügelige, elektrisch betriebene Schwenkschiebetüren. Die Einstiegshöhe beträgt 552 mm über SO. Die Türen können über Drucktasten bedient werden.

Die automatischen Scharfenbergkupplungen sind beheizbar. Sie kuppeln auch die Bremsleitungen und die elektrischen Verbindungen.

Die beiden H-förmigen Drehgestelle sind aus Stahl in Kastenbauweise hergestellt. Sie haben Gummischichtfedern, Luftfedern und Schlingerdämpfer.

Antrieb Mit seiner starken Motorisierung ist der 641 eher für steigungsreiche Strecken gedacht. Die beiden unterflur aufgehängten Antriebsanlagen bestehen jeweils aus einem schnell laufenden, wassergekühlten Sechszylinder-Dieselmotor Typ MAN D 2866 LUH 21. Er erfüllt die Euro-Abgasnorm 2. Das Drehmoment wird über ein hydrodynamisches Voith-Getriebe mit eingebautem Retarder übertragen.

Innenraum Im Niederflurbereich befinden sich ein Mehrzweckraum mit Klappsitzen und ein behindertengerechtes, geschlossenes WC-System. Die vier offenen Abteile im Hochflurbereich sind mit Vis-à-vis-Bestuhlung ausge-

Die 641 sind in Haltingen und Erfurt beheimatet. Sie fahren im Südschwarzwald und im Thüringer Wald

stattet. Eines davon ist für 1.-Klasse-Reisende reserviert und durch eine Glaswand mit Tür von der 2. Klasse abgegrenzt. Die beiden Führerräume sind ebenfalls durch Glaswände mit Drehtüren von den Fahrgasträumen getrennt.

Matrixanzeigen informieren die Reisenden über die Fahrziele. Ein Haltewunsch kann dem Triebfahrzeugführer über Taster an den Haltestangen bekannt gegeben werden.

Einsatz DB Regio übernahm 40 dieser Fahrzeuge in ihren Bestand. Die Triebwagen sind in Haltingen (641 001 bis 018, 027) und Erfurt (641 020 bis 026, 028 bis 040) beheimatet. 641 019, 020, 039 und 040 wurden von der Oberweißbacher Berg- und Schwarzatalbahn (OBS) übernommen. 641 024 und 030 schieden nach Unfällen bereits 2006 aus dem Bestand aus.

Die Fahrzeuge in Baden-Württemberg werden zwischen Basel und Lauchringen eingesetzt. In Thüringen verkehren sie zwischen Rottenbach und Katzhütte, Sömmerda und Großheringen, Friedrichroda und Fröttstädt, Saalfeld und Blankenstein sowie zwischen Gotha und Gräfenroda.

TECHNISCHE DATEN	
Länge über Kupplung	28.900 mm
Achsfolge	(1A)'(A1)'
Treibraddurchmesser	770 mm
Laufraddurchmesser	770 mm
Achsstand im Drehgestell	2.100 mm
Gesamter Achsstand	19.600 mm
Dienstmasse	48,7 t
Maximale Radsatzlast	16,7 t
Höchstgeschwindigkeit	120 km/h
Leistung	2 x 257 kW
Motorbauart	6-Zylinder-Reihenmotor
Leistungsübertragung	hydrodynamisch
Antrieb	Gelenkwelle, Radsatzgetriebe
Indienststellung	2001 – 2002
Eingesetzt von	DB Regio, OBS

Die 642 der DB laufen überwiegend in Rheinland-Pfalz, Bayern und den östlichen Bundesländern

Hinter der futuristischen Hülle des 642 steckt ein alter Bekannter: Er ist abgeleitet vom „Regio Sprinter“, der 1995 von Siemens entwickelt wurde.

Entwicklung Im Juni 1996 bestellte die DB AG 150 Fahrzeuge der Baureihe $642^0/642^5$, später wurde die Bestellung auf 230 Züge erweitert. Im Herbst 1998 war der erste „Roll-Out“. Die zweiteiligen Triebwagen entstammen der modularen Fahrzeug-Familie, „DESIRO“. Sie wurden von der Siemens Verkehrstechnik hergestellt.

Fahrzeugbau Die selbsttragende Röhre des Kastens ist als Aluminium-Konstruktion ausgeführt. Die glasfaserverstärkten Kunststoff-Schalen der Fahrzeugköpfe sind in Sandwichbauweise gefertigt und mit dem Wagenkasten verklebt. Unterhalb der großen, einteiligen Panorama-Stirnfenster ist eine Matrix-Zugzielanzeige angeordnet.

Automatische Mittelpufferkupplungen der Bauart Scharfenberg ermöglichen Mehrfachtraktionen, auch mit den Triebwagen der Baureihen 640 bis 648. Die beiden Fahrzeughälften sind über

Unter den Triebwagen der VBG gibt es auch einige farbenfrohe Werbewagen

Mit 26 Fahrzeugen hat die Vogtlandbahn (VBG) nach der DB den größten Bestand an 642

ein Jakobsdrehgestell miteinander verbunden. Ein Stirnübergang mit Wellenbalg ermöglicht eine gleichmäßige Verteilung der Fahrgäste.

Für den Ein- und Ausstieg stehen auf jeder Wagenseite zwei zweiflügelige Schiebetüren mit Türschließautomatik zur Verfügung.

Eine Magnetschienenbremse und eine Feststellbremse ergänzt die direkt und indirekt wirkende, elektropneumatische Bremse.

Antrieb Unter dem Hochflurbereich zwischen den Führerräumen und den Triebdrehgestellen sind zwei autarke Sechs-Zylinder-Dieselmotoren der Maschinen- und Turbinenunion (MTU) mit einer Leistung von 275 kW eingebaut. Sie haben Turbo-Aufladung, Ladeluftkühlung und wirken auf je ein hydrodynamisch-mechanisches Fünf-Gang-Automatikgetriebe vom Typ ZF-Ecomat 5 P 600 mit Anfahrwandler und integriertem Retarder.

Die ODEG setzt sechs Triebwagen der Baureihe 642 im Regionalverkehr ein

Der 642 339 ist heute für die Städtebahn GmbH in Sachsen unterwegs

Innenraum Im Niederflurbereich zwischen den beiden Einstiegsräumen befindet sich ein 2.-Klasse-Großraum. Das 1.-Klasse-Abteil am Wagenende des 642^5 ist durch eine Glaswand mit Drehtür abgetrennt. Im 642^0 haben eine Toilette und ein Mehrzweckraum mit Klappsitzen ihren Platz gefunden.

Die vandalismusresistenten Sitze sind mit blauem Stoff bezogen. In der 1. Klasse haben sie hölzerne Armlehnen. Über den Sitzen sind in Längsrichtung Gepäckablagen montiert.

Zur Information der Fahrgäste stehen eine Zugziel- und Stationsanzeige sowie eine Lautsprecheranlage zur Verfügung.

Einsatz Die Triebwagen der DB sind in Chemnitz, Dresden, Erfurt, Kaiserslautern, Kempten, Leipzig, Magdeburg, Nürnberg, Rostock und Schöllkrippen beheimatet. Sie werden einzeln sowie in Doppeltraktion eingesetzt. Der 642 016/516 schied nach einem Unfall aus dem Bestand aus.

TECHNISCHE DATEN

Länge über Kupplung	
Zug (2-teilig)	41.700 mm
Endwagen	20.600 mm
Achsfolge	B'2'B'
Treibraddurchmesser	770 mm
Laufraddurchmesser	770 mm
Achsstand im Drehgestell	
Enddrehgestell	1.900 mm
Jakobsdrehgestell (Mitte)	2.650 mm
Gesamter Achsstand	33.900 mm
Dienstmasse	63,8 t
Maximale Radsatzlast	16 t
Höchstgeschwindigkeit	120 km/h
Leistung	2 x 275 kW
Motorbauart	6-Zylinder-Reihenmotor
Leistungsübertragung	hydrodynamisch
Antrieb	Gelenkwelle, Radsatzgetriebe
Indienststellung	1999 – 2003
Eingesetzt von	DB Regio, private EVU

Der VT 06 gehört ebenfalls zu den bunten Werbewagen der VBG

In Schöllkrippen sind 642 der WestFrankenBahn (WFB) zu Hause. Die Erzgebirgsbahn (EB) beheimatet und wartet ihre von der DB übernommenen Wagen in Chemnitz.

Neben der DB haben zahlreiche deutsche Privatbahnen die Triebwagen der Baureihe 642 in ihrem Bestand. Mit 26 Fahrzeugen ist die größte Flotte bei der Vogtlandbahn (VBG) zu finden.

13 Triebwagen fahren für die Städtebahn GmbH in Sachsen. Sie gehören Angel Trains und sind nur angemietet.

Je sechs 642 laufen für die Ostdeutsche Eisenbahn GmbH (ODEG) und die HLB Hessenbahn GmbH. Vier Triebwagen werden von der Ostseeland Verkehr GmbH (OLA) eingesetzt.

Auch ausländische Staatsbahnen nutzen die Triebwagen. Sie sind zum Beispiel auf den Gleisen der ÖBB als Baureihe 5022 unterwegs. Die dänischen Staatsbahnen bezeichnen ihre Züge als Baureihe MQ. Selbst bei der North County Transit District (NCTD) in Kalifornien werden die Züge eingesetzt.

Die Einstiegsräume und die 2. Klasse in der Wagenmitte sind als Niederflurbereiche ausgeführt

Die Baureihe 643 wurde aus der modularen „Talent"-Familie für die Einsätze bei der DB entwickelt

Talbot in Aachen beteiligte sich an der Entwicklung neuer Fahrzeuge für den RegionalBahn-Einsatz und stellte mit den „Talent"-Zügen eine flexible, modular aufgebaute Fahrzeugfamilie auf die Gleise.

Entwicklung Bei der hier vorgestellten Ausführung handelt es sich um zwei- und dreiteilige Triebzüge, die aus der „Talent"-Familie (**Ta**lbot-**Le**ichtbau-**N**iederflur-**T**riebzug) für den Überlandeinsatz angepasst wurden.
Talbot baute einen Prototypen, der im Februar 1996 seine ersten Probefahrten unternahm. Anfang März fand das offizielle „Roll-Out" statt.
Die Triebwagen werden einerseits als Baureihe 643 mit hydraulischer Kraftübertragung angeboten, andererseits gibt es eine Version mit elektrischer Kraftübertragung, die bei der DB als Baureihe 644 bezeichnet wird. Mit ihrer stärkeren Motorisierung und der höheren Beschleunigung eignen sich die Triebwagen der Baureihe 644 besonders für S-Bahn-ähnliche Streckennetze mit kurzen Haltestellenabständen und geringen Fahrzeiten.

Fahrzeugbau Sowohl den Antriebs- als auch den Laufdrehgestellen liegt eine verwindungsweiche H-Rahmen-Konstruktion zu Grunde. Gummi-Konusfe-

An den Enden haben die Züge Triebdrehgestelle. Dazwischen laufen antriebslose Jakobsdrehgestelle

Wie viele private EVU hat sich auch die NWB für dreiteilige Züge mit hydraulischem Antrieb entschieden

dern mit Eigendämpfung übernehmen die Primärfederung. Die Sekundärfederung erfolgt durch Luftfedern mit Niveau-Regulierung. Gummi-Notfedern ergänzen dieses System.

Ein Triebzug besteht aus zwei technisch weitgehend identischen Endwagen mit Führerständen und Antriebseinheiten. Bei den dreiteiligen Zügen sind die Endwagen über zweiachsige Jakobsdrehgestelle mit einem antriebslosen Mittelwagen verbunden. In der Mitte der zweiteiligen Wagen läuft ebenfalls ein Jakobsdrehgestell.

Der Kasten in Leichtbauweise und das geschweißte Untergestell aus kor-

Die PEG setzt ihre Züge im Nordosten Deutschlands sowie zwischen Dortmund und Enschede ein

Die zweiteiligen Triebwagen der Reihe 643^2 sind für RegionalBahn-Einsätze vorgesehen

rosionsträgem Edelstahl bilden den Aufbau. Die Seitenwände bestehen aus einem Aluminiumgerippe mit einer Verkleidung aus glasfaserverstärktem Kunststoff (GfK). Die strömungsgünstig gestalteten Kopfmodule mit den Führerständen sind wie die Fahrzeugdächer komplett aus GfK gefertigt. Die Außenscheiben der doppelt verglasten und getönten Fenster sind bündig in die Seitenwände eingeklebt.

Bei den 643 hat jedes Endteil auf beiden Seiten je eine Doppel-Schwenkschiebetür der Firma Bode. In den Mittelteilen sind zwei Türen pro Seite vorhanden. Die Endteile der Baureihe 644 haben ebenfalls zwei Türen pro Seite.

Zwischen den Einstiegstüren sind die Fahrgasträume als Niederflurbereich ausgeführt. An den Wagenenden haben die Fahrzeuge eine „normale" Fußbodenhöhe. An den Enden der Triebwagen ist eine automatische Mittelpufferkupplung der Bauart Scharfenberg montiert.

Antrieb In den Triebwagen arbeiten zwei Zwölf-Zylinder-MTU-Dieselmotoren der Bauart 12 V 183 TD 13 mit Turboladern und Ladeluftkühlung.

Bei der Baureihe 643 wird die Antriebskraft über ein hydrodynamisches Getriebe mit Anfahrwandler auf die Radsätze übertragen.

Bei den Triebwagen der Baureihe 644 wird das Drehmoment über nachgeschaltete Synchrongeneratoren in elektrische Energie umgewandelt, die dann über eine Leistungselektronik den Drehstrom-Asynchron-Fahrmotoren zugeführt wird.

Gebremst wird die Baureihe 643 über eine im Getriebe integrierte Re-

Die Regiobahn setzt zwölf zweiteilige „Talent" auf ihrem Streckennetz ein

Auf der Oderlandbahn zwischen Berlin-Lichtenberg und Kostrzyn setzt die NEB Züge der Baureihe 643 ein

tarderbremse. Ergänzt wird sie durch eine Scheiben- und eine Magnetschienenbremse.

Die Baureihe 644 hat eine elektrische Widerstandsbremse, eine Scheiben- und eine Magnetschienenbremse.

ELTAS-32-Mikroprozessor-Computer regeln die Antriebsanlagen. Züge aus bis zu drei Triebwagen können damit gesteuert werden. Die Datenübertragung erfolgt über das WTB-Zug-Bus-System.

Entsprechend den Vorgaben der DB sind die Züge mit Sifa, Indusi I 60 R und Zugbahnfunk ZF 90 ausgestattet.

Innenraum Die Einzelsitze sind vis-a-vis als offene Abteile mit Mittelgang in die Großräume eingebaut. In der zweiten Klasse wurde ein 2+2-Sitzteiler gewählt, in der ersten Klasse, die im Hochflurbereich eines Kopfteils untergebracht ist, ein 2+1-Sitzteiler. Oberhalb der Fenster sind Längsgepäckablagen eingebaut. In den Mehrzweckräumen im Niederflurbereich wurden Klappsitze in Querrichtung an den Wänden montiert.

Die Fahrzeuge haben eine behindertengerechte Toilette mit geschlossenem Vakuum-WC-System.

Einsatz Die Baureihe 643^0 der DB wird von Düsseldorf, Kaiserslautern und Münster aus eingesetzt. Anfang 2002 bestellte die DB für die Euregiobahn 26

TECHNISCHE DATEN (643)	
Länge über Kupplung	
Zug (3-teilig, 643^0)	48.360 mm
Zug (2-teilig, 643^2)	34.610 mm
Endwagen	17.305 mm
Mittelwagen	13.750 mm
Achsfolge	B'2'2'B'; B'2'B'*
Treibraddurchmesser	760 mm
Laufraddurchmesser	630 mm
Achsstand im Drehgestell	
Enddrehgestell	1.900 mm
Jakobsdrehgestell (Mitte)	2.700 mm
Gesamter Achsstand	42.580; 28.830* mm
Dienstmasse	72; 57,5* t
Maximale Radsatzlast	12,8 t
Höchstgeschwindigkeit	120 km/h
Leistung	2 x 315 kW
Motorbauart	6-Zylinder-Reihenmotor
Leistungsübertragung	hydrodynamisch
Antrieb	Gelenkwelle, Radsatzgetriebe
Indienststellung	1999 – 2001; 2002 – 2005*
Eingesetzt von	DB Regio, private EVU

* Baureihe 643^2

Die Baureihe 643 wurde aus der modularen „Talent“-Familie von Talbot in Aachen entwickelt

zweiteilige „Talent“-Triebwagen und reihte sie als Unterbaureihe 643^{2} in ihren Fuhrpark ein. Diese Wagen sind in Aachen beheimatet. Sie haben Zulassungen für den Einsatz im deutschen, niederländischen und belgischen Netz. Dafür wurden sie mit dem niederländischen Zugsicherungssystem ATB-L und einem Fahrtenschreiber ausgestattet. Das belgische Sicherheitssystem kann bei Bedarf kurzfristig nachgerüstet werden.

Zudem genügen die Wagen der Straßenbahn-Bau- und Betriebsordnung (BOStrab). Die Nachrüstung mit den Zusatzgeräten gemäß BOStrab ist kurzfristig möglich.

Auch bei privaten EVU fand der „Talent“ großen Zuspruch, zahlreiche Bahnen nahmen die Züge in ihren Bestand auf. So sind 37 Triebwagen bei der NordWestBahn GmbH (NWB) registriert. Sie werden in Niedersachsen im Regionalverkehr eingesetzt.

Die Triebwagen der Baureihe 644 haben einen dieselelektrischen Antrieb

Züge der Baureihe 644 wurden bis jetzt nur von DB Regio beschafft

Die Prignitzer Eisenbahn GmbH (PEG hat mit 18 Zügen die zweitgrößte private „Talent“-Flotte in ihrem Bestand.

Für die Rheinisch-Bergische Eisenbahn hat Veolia Verkehr Rheinland GmbH (RBE) zwölf Fahrzeuge beschafft, für die Ostseeland Verkehr GmbH (OLA) sind es elf Züge.

Je neun Exemplare gehören der Keolis Deutschland GmbH & Co. KG (Eurobahn, ERB) und der NEB Betriebsgesellschaft mbH (NEB).

Weitere Wagen laufen bei der Bayerischen Oberlandbahn GmbH (BOB, vier Züge), der Nord-Ostsee-Bahn GmbH (NOB, drei Züge) und der Veolia Verkehr Regio Ost GmbH (VVRO, zwei Züge).

Zwischen 1998 und 2000 übernahm die DB 63 Fahrzeuge der Baureihe 644. Sie werden im Raum Köln auf der Aggertalbahn, der Eifelbahn und der Voreifelbahn eingesetzt.

TECHNISCHE DATEN (644)	
Länge über Kupplung	
Zug (3-teilig)	52.160 mm
Endwagen	18.210 mm
Mittelwagen	14.200 mm
Achsfolge	B'2'2'B'
Treibraddurchmesser	760 mm
Laufraddurchmesser	630 mm
Achsstand im Drehgestell	
Enddrehgestell	1.900 mm
Jakobsdrehgestell (Mitte)	2.700 mm
Gesamter Achsstand	44.480 mm
Dienstmasse	84,3 t
Maximale Radsatzlast	14,1 t
Höchstgeschwindigkeit	120 km/h
Leistung Dieselmotor	2 x 505 kW
Elektromotor	2 x 300 kW
Motorbauart	
Dieselmotor	12-Zylinder-V-Motor
Elektromotor	Drehstrom-Asynchronmotor
Leistungsübertragung	elektrisch
Anfahrzugkraft	118 kN
Antrieb	Gelenkwelle, Radsatzgetriebe
Indienststellung	1998 – 2000
Eingesetzt von	DB Regio

Die HLB hat 30 von DWA gebaute GTW 2/6 in ihrem Bestand

Eine ungewöhnliche Fahrzeugvariante ist bei der Baureihe 646 zu finden. Sie besteht aus einem kurzen Mittel-Motorwagen mit zwei Steuerwagen.

Entwicklung Die Konstruktion mit kompletter Trennung zwischen der Antriebseinheit in einem mittleren Wagen und den Fahrgasträumen in zwei Endwagen geht auf den Schweizer Fahrzeughersteller Stadler zurück. Ursprünglich war das Fahrzeug für den Einsatz auf elektrifizierten Schmalspurstrecken vorgesehen. Durch das modulare Fahrzeugkonzept konnte es aber ohne größeren Aufwand auch für den Dieselbetrieb auf Normalspurstrecken gebaut werden.

Fahrzeugbau Der Mittelteil des dreiteiligen GTW 2/6 besteht aus einem kurzen, zweiachsigen Wagen der Baureihe 646, in dem sämtliche Antriebs- und Hilfsaggregate untergebracht sind. An beiden Enden schließen sich zweiachsige Steuerwagen der Baureihen 946^0 und 946^5 mit Enddrehgestellen an. Sie stützen sich jeweils an einem Ende auf dem Motorwagen ab.

Durch einen Mittelgang im Motorwagen gelangen die Fahrgäste von einem Steuerwagen in den anderen. Über Seitenklappen im Mittelgang erreicht das Personal die Antriebsaggregate.

Zwischen den Wagen befinden sich Faltenbälge. Die Seitenwände sind als Schraub- und Schweißkonstruktion aus Aluminium gefertigt. Das Dach ist in Sandwichbauweise hergestellt und mit den Dachlangträgern verklebt. Das Führerhaus besteht aus glasfaserverstärktem Kunststoff (GfK).

Die Fenster sind fest mit dem Wagenkasten verklebt und lassen sich nicht öffnen. Zwei doppelflügelige Schiebetüren in den Steuerwagen ermöglichen das Ein- und Aussteigen.

Antrieb Der Dieselmotor von MTU mit Turbolader treibt einen Drehstrom-Asynchrongenerator an, der die Traktionsmotoren speist.

Als Bremsen stehen eine direkte elektropneumatische, eine indirekte pneumatische Bremse und eine elektrodynamische Widerstandsbremse zur Verfügung. Sie werden durch eine Magnetschienenbremse und eine manuelle Feststellbremse ergänzt.

Innenraum Der Innenraum ist jeweils in einen 1.-Klasse-Bereich, einen 2.-Klasse-Bereich und einen Mehrzweckraum aufgegliedert. Bei den Wagen der Usedomer Bäderbahn wurde auf das 1.-Klasse-Abteil verzichtet, sodass deren Sitzplatzzahl von 93 auf 111 erhöht werden konnte.

Dreiteiliger RegionalBahn-Triebwagen 646

Die roten DB-Regio-Wagen der Baureihe 646 sind in Neuruppin, Frankfurt (Main) und Kassel zu Hause

Die Sitze sind mit Stoff bezogen und haben in der 1. Klasse Armlehnen. Über den Sitzen sind Gepäckablagen montiert.

Einsatz Die verkehrsroten Züge der DB sind in Neuruppin (646^0), Frankfurt (Main) und Kassel (646^2) beheimatet.

Die Wagen der Usedomer Bäderbahn (646^1), einer Tochter der DB, sind im Seebad Heringsdorf zu Hause und werden auf dem Streckennetz der UBB eingesetzt. Die blaue Lackierung ihrer Schürzen grenzt oben wellenförmig an die weiße Lackierung der übrigen Flächen.

Die in Kassel beheimaten 646 205 bis 213 der Kurhessenbahn (KHB) werden auf der Dreieichbahn eingesetzt.

Als einzige deutsche Privatbahn hat die Hessenbahn (HLB) Fahrzeuge der Bauart GTW 2/6 in ihrem Bestand. Die 30 rot/silberfarbenen Triebwagen wurden 1999 bei DWA gebaut.

TECHNISCHE DATEN	
Länge über Kupplung	
Zug (3-teilig)	38.660 mm
Endwagen	17.065 mm
Mittelwagen	4.500 mm
Achsfolge	2 '+ Bo + 2'
Treibraddurchmesser	860 mm
Laufraddurchmesser	680 mm
Achsstand im Drehgestell	2.000 mm
Achsstand Mittelwagen	2.000 mm
Gesamter Achsstand	31.724 mm
Dienstmasse	57,1 t
Maximale Radsatzlast	19,2 t
Höchstgeschwindigkeit	120 km/h
Leistung Dieselmotor	550 kW
Elektromotor	2 x 262 kW
Motorbauart	
Dieselmotor	12-Zylinder-V-Motor
Elektromotor	Drehstrom-Asynchronmotor
Leistungsübertragung	elektrisch
Anfahrzugkraft	62 kN
Indienststellung	seit 1999
Eingesetzt von	DB Regio, HLB, KHB, UBB

Die zweiteiligen „LINT 41“ haben in der Mitte ein gemeinsames Jakobsdrehgestell für beide Wagenhälften

Außer den einteiligen Triebwagen der Baureihe 640 sind in der „LINT“-Familie auch zweiteilige Fahrzeuge zu finden, die im nationalen Fahrzeugregister als Baureihe 648 bezeichnet werden.

Entwicklung Das Leichttriebwagenkonzept für Nebenstrecken „LINT“ stammt aus dem Hause Alstom-LHB in Salzgitter. Das Baukastensystem enthält sowohl Einzelwagen als auch mehrteilige Gelenk- und Doppeltriebwagen.

Fahrzeugbau Die verwindungssteifen Wagenkästen sind in Stahlleichtbauweise hergestellt. Die Dächer in Gerippebauweise bestehen aus abgekanteten Profilen. Für die Köpfe der Wagen wurden glasfaserverstärkte Kunststoffteile (GfK) verwendet. Sie sind mit dem Wagenkasten verklebt.

Für die Drehgestelle wurden kastenförmige Profile zu einem Rahmen verschweißt. Die beiden äußeren Drehgestelle sind angetrieben, das mittlere Laufgestell dient als Verbindung zwischen den beiden Wagenteilen. Alle Drehgestelle haben Luftfederung mit Schwingungs- und Schlingerdämpfern.

Das dreistufige Bremssystem besteht aus einer hydrodynamischen Retarderbremse, einer elektropneumatischen Scheibenbremse mit Wellen-

Abellio hat nur drei LINT 41 im Bestand. Sie gehören zur Hochflur-Ausführung „LINT 41/H“

Mit 62 Zügen hat die NWB den größten 648-Bestand an Triebwagen der Baureihe 648 nach der DB

bremsscheiben und einer Magnetschienenbremse.

An den Wagenenden sind automatische Kupplungen der Bauart Scharfenberg montiert.

Antrieb Die unterflur aufgehängten Antriebsanlagen wirken jeweils auf das benachbarte Drehgestell. Die beiden Dieselmotoren entsprechen der EURO-2-Abgasnorm. Sie leisten 2 x 315 kW.

Innenraum Die Großräume im Inneren der Wagen sind mit Sitzen in verschiedenen Anordnungen ausgestattet. Im Niederflurteil der Wagen sind Mehrzweckräume und die Toilette zu finden. Das 1.-Klasse-Abteil befindet sich an einem Wagenende.

Einsatz Kurz nach den einteiligen 640 gingen 1999 gingen bei der DB die ersten Triebwagen der Baureihe 648 in Be-

Die farbenfrohen Züge von Vectus werden auf den von Limburg (Lahn) ausgehenden Strecken eingesetzt

Beim Harz-Elbe-Express, einem Unternehmen der Veolia Verkehr GmbH, fahren 19 „LINT 41"

trieb. Zu dieser Zeit hatten die Nord-Ostsee-Bahn (NOB) und NordWestBahn (NWB) – beides Tochtergesellschaften der Connex-Gruppe – den Personenverkehr mit Triebwagen des Typs LINT 41 auf den Strecken Kiel – St. Peter-Ording, Neumünster – Kiel, Osnabrück – Bremen und Osnabrück – Wilhelmshaven bereits aufgenommen.

Ihre ersten sechs Triebwagen der Baureihe 648 beheimatete die DB in Kiel. Sie wurden auf den gemeinsam von DB Regio und NWB in Schleswig-Holstein betriebenen Strecken Neumünster – Kiel und Neumünster – Flensburg eingesetzt.

Nachdem DB Regio die Betriebsführung auf Strecken im Sauerland und im Siegener Drei-Länder-Eck gewonnen hatte, beschaffte sie für diese Strecken 21 Triebwagen der Unterbauart 648¹ (Lint 41/H, mit erhöhtem Fußbodenniveau im Niederflurbereich) und sieben Triebzüge der Unterbauart 648². In beiden Baureihen können im Mehrzweckraum Halterungen für Ski ein-

Die EVB bedient die Strecken rund um Bremervörde im Regionalverkehr

Die 648³ sind in Nürnberg beheimatet und gehören zur Mittelfrankenbahn

gebaut werden. Als letzte Dienststelle bekam Braunschweig 26 Triebwagen der Baureihe 648², die für das Harz-Weser-Netz bestimmt sind.

Die neuesten Triebwagen gehören zur Unterbaureihe 648³. Die Wagen gehören DB Regio und sind in Nürnberg beheimatet. Sie werden auf den nicht elektrifizierten Strecken der Mittelfrankenbahn unter anderem nach Simmelsdorf-Hüttenbach eingesetzt.

Die Triebwagen der Baureihe 648 werden auch von zahlreichen privaten EVU genutzt. Mit 62 Fahrzeugen hat die NordWestBahn (NWB) inzwischen die meisten 648 in ihrem Bestand. Die NBW setzt sie unter anderem auf dem Niers-Rhein-Emscher-Netz ein.

Auf Platz zwei folgt die Bayerische Regiobahn (BRB) mit 28 Triebwagen. Das Unternehmen bedient damit die Strecken Augsburg – Schongau und Augsburg – Ingolstadt – Eichstätt.

Mit 18 Fahrzeugen hat die Vectus Verkehrsgesellschaft den drittgrößten Bestand. Ihre Triebwagen sind auf den Linien Koblenz – Limburg (Lahn) – Siershahn/Au (Sieg) unterwegs.

Außer diesen Einsätzen ist die Baureihe 648 auch bei privaten EVU in den Bundesländern Berlin/Brandenburg, Hessen, Mecklenburg-Vorpommern, Sachsen-Anhalt und Schleswig-Hostein zu finden.

TECHNISCHE DATEN	
Länge über Kupplung	
Zug (2-teilig)	41.810 mm
Endwagen	20.705 mm
Achsfolge	B'2'B'
Treibraddurchmesser	770 mm
Laufraddurchmesser	770 mm
Achsstand im Drehgestell	
Enddrehgestell	1.900 mm
Jakobsdrehgestell (Mitte)	2.700 mm
Gesamter Achsstand	34.900 mm
Dienstmasse	63,5/65* t
Maximale Radsatzlast	18 t
Höchstgeschwindigkeit	120 km/h
Leistung	2 x 315 kW
Motorbauart	6-Zylinder-Reihenmotor
Leistungsübertragung	hydrodynamisch
Antrieb	Gelenkwelle, Radsatzgetriebe
Indienststellung	2000 – 2001; 2004 – 2005*
Eingesetzt von	DB Regio, private EVU

* Baureihe 648²

Die Wagen werden mit Scharfenbergkupplung oder mit Schraubenkupplungen und Puffern geliefert

Mit dem einteiligen „Regio Shuttle" RS 1 gelang ADtranz eine Konstruktion, die bei zahlreichen privaten EVU und bei der DB großen Anklang gefunden hat.

Entwicklung Nachdem ADtranz die ersten Triebwagen in unterschiedlichen Versionen an Privatbahnen und an die DB geliefert hatte, übernahm die Stadler Rail AG 2001 die Produktion. Das Unternehmen baut bis heute die Triebwagen der Baureihe 650.
Ursprünglich bot der Hersteller auch Steuerwagen an, die aber bisher noch nicht bestellt wurden.

Fahrzeugbau Eine geschweißte Fachwerkkonstruktion mit diagonalen Streben bildet den Wagenkasten. Er ist von außen mit Sandwichplatten aus glasfaserverstärktem Kunststoff (GfK) verkleidet. Die Führerräume sind komplett aus GfK hergestellt.

Zwischen den beiden zweiflügeligen Doppelschiebetüren befindet sich ein Niederflurbereich. Die Fenster sind zwischen die Kastenstreben eingepasst und können teilweise geöffnet werden.

Die Laufwerke bestehen aus zwei angetriebenen Drehgestellen mit geschweißtem Rahmen.

Antrieb An den Wagenenden sind die beiden MAN-Dieselmotoren angeordnet. Sie treiben über ein automatisches Getriebe die benachbarten Drehgestelle an. Die Kraft wird hydrodynamisch übertragen.

Mit normalen Zug- und Stoßvorrichtungen können die Wagen freizügig in

Bis zu vier RS1 werden gleichzeitig auf der Schöbuchbahn Böblingen – Dettenhausen eingesetzt

Die Ostdeutsche Eisenbahn (ODEG) hat zur Zeit 35 „Regio Shuttle" in ihrem Bestand

Mehrfachtraktionen auch mit anderen Baureihen oder mit normalen Reisezug- und Güterwagen eingesetzt werden.

Eine im Getriebe integrierte Retarderbremse sowie eine Scheiben- und eine Magnetschienenbremse dienen zur Verzögerung der Fahrzeuge. Sämtliche Aggregate der Antriebsanlage sind unterflur angebracht.

Innenraum Der Innenraum ist als Großraum 2. Klasse ausgeführt. Die Sitze sind vis-à-vis oder in Reihe angeordnet und mit Stoff bezogen. Der Mehrzweckraum ist mit Klappsitzen an den Seitenwänden ausgestattet. Er befindet sich im Niederflurbereich in der Mitte der Wagen. Glaswände mit Drehtüren trennen die Führerräume von den Fahrgasträumen. Im Gegensatz zu vielen Privatbahnwagen wurde in die meisten Fahrzeuge der DB eine Toilette eingebaut.

Über den großen Frontfenstern sowie im Inneren der Wagen informieren Matrixanzeigen über das Zugziel und die nächste Station. Eine Lautsprecher-

Mit der Vielfachsteuerung können mehrere Züge von einem Fahrpult aus bedient werden

Zwei Motoren mit je 275 kW ermöglichen eine zügige Beschleunigung der Wagen

anlage ergänzt die Ausstattung. Die Klimaanlage soll für angenehme Temperaturen im Wageninneren sorgen.

Einsatz Die Triebwagen der DB Regio sind in Tübingen und Ulm stationiert. Sie gehören zur DB ZugBus Regionalverkehr Alb-Bodensee (RAB).

Die Tübinger Wagen haben die Nummern 650 001 bis 027. Sie werden überwiegend auf der Ammertalbahn zwischen Tübingen und Herrenberg eingesetzt, sind aber auch auf der Strecke nach Bad Urach anzutreffen. Die Ulmer 650 100 bis 122 sind unter anderem auf der Teckbahn Wendlingen – Kirchheim – Oberlenningen unterwegs.

Die drei in Ulm beheimateten 650 201 bis 203 unterscheiden sich durch

Der VT 65 der BOB hat keine Zusatzscheinwerfer unter den unteren Stirnleuchten

Die DB-Fahrzeuge sind in Ulm bzw. Tübingen beheimatet. Sie werden von der RAB eingesetzt

einen größeren Fahrradraum von den Vorgängern, allerdings musste dafür auf die Toilette verzichtet werden.

Letzte Bauserie sind die 27 Fahrzeuge der Unterbauart 650^{3}. Sie haben breitere Einstiege und größere Mehrzweckabteile, so dass Fahrräder einfacher befördert werden können. Zusätzlich haben sie eine besser Klimaanlage und ein erweitertes Fahrgastinformationssystem.

Zur Zeit sind „Regio-Shuttle" bei 18 privaten Eisenbahnverkehrsunternehmen in Deutschland in zahlreichen unterschiedlichen Ausführungen und Lackierungen unterwegs.

50 Regio Shuttle gingen an die HzL, die damit einen Großteil des Verkehrs auf der Schwäbischen Alb und im mittleren Schwarzwald abwickelt.

Die Rurtalbahn GmbH hat fünf Fahrzeuge bestellt, die ab Mitte 2011 auf den Strecken Düren – Heimbach bzw. Düren – Linnich fahren sollen.

Im Sommer 2010 bestellte der Zweckverband Strohgäubahn acht Triebwagen, die ab Anfang 2012 zusammen mit den Wagen der Württembergischen Eisenbahngesellschaft eingesetzt werden sollen.

2009 konnten die ersten Fahrzeuge ins Ausland verkauft werden. Die die tschechische Eisenbahngesellschaft České dráhy (âD) kaufte 33 Regio Shuttles, die ab Ende 2011 in der Region Liberec (16 Stück) und der Region Vysočina (17 Stück) als Baureihe 840 und 841 eingesetzt werden sollen.

TECHNISCHE DATEN	
Länge über Puffer	25.500 mm
Achsfolge	B'B'
Treibraddurchmesser	770 mm
Achsstand im Drehgestell	1.800 mm
Gesamter Achsstand	18.900 mm
Dienstmasse	37,7 t
Maximale Radsatzlast	14 t
Höchstgeschwindigkeit	120 km/h
Leistung	2 x 257 kW
Motorbauart	6-Zylinder-Viertaktmotor
Leistungsübertragung	hydromechanisch
Antrieb	Gelenkwelle, Radsatzgetriebe
Indienststellung	seit 1999
Eingesetzt von	RAB, private EVU

Die Wagen der VBG haben Blinker und Bremslichter. Sie können damit auf Straßenbahngleisen fahren

Der dreiteilige von Siemens entwickelte „Regio Sprinter" ist für den den schnellen Regionalverkehr vorgesehen.

Entwicklung Die Dürener Kreisbahn (DBK) hatte Anfang der 1990er-Jahre Bedarf an einem leichten und kostengünstigen Regionalbahn-Triebwagen. Weil von der Industrie kein geeignetes Fahrzeug angeboten wurde, wandte sie sich an die DUEWAG AG, bei der sie 1993 17 speziell für die DKB entwickelte Regio Sprinter bestellte. 1995 wurden die Wagen geliefert.

Fahrzeugbau Zwischen den beiden Endmodulen mit je einem angetriebenen Radsatz läuft ein kurzes Mittelteil auf zwei antriebslosen Radsätzen.

Der geschweißte Wagenkasten besteht aus dem Untergestell, den Seitenwänden und den Dachmodulen.

Pro Wagenseite ermöglichen zwei doppelflügelige, elektrisch angetriebene Schwenkschiebetüren einen schnellen Fahrgastwechsel.

Die Wagen der Rurtalbahn haben normale Schraubenkupplungen und Seitenpuffer.

Die Fahrzeuge der Vogtlandbahn sind mit automatischen Scharfenbergkupplungen ausgerüstet.

Antrieb Zwei getrennte Antriebsanlagen übertragen ihre Kraft auf je einen Radsatz. Zunächst wurden MAN-Motoren mit einer Leistung von 188 kW eingebaut. Spätere Bauserien bekamen 228 kW starke MAN-Motoren vom Typ D 2865 LU3.

Ein hydrodynamisch-mechanisches 5-Gang-Getriebe vom Typ ZF-Ecomat 5 HP 590 überträgt das Drehmoment der 5-Zylinder-Motoren mit Turbo-Aufladung auf die Radsätze.

Innenraum Der Mittelteil und die hinteren Bereiche der Endmodule sind in Niederflurbauweise ausgeführt. Über den angetrieben Radsätzen musste der Fußboden erhöht werden.

Die Sitze sind in 2+2- und 2+3-Anordnung in offenen Abteilen aufgestellt. Neben den Einstiegen wurden Mehrzweckräume mit Klappsitzen eingerichtet. Zwei Luftheizaggregate sollen für ein angenehmes Klima sorgen.

Die VBG rüstete in ihren Zügen Toiletten nach.

Auf der Strecke nach Hof sind die Regio Sprinter der VBG meist als Doppeleinheit unterwegs

Einsatz In Deutschland werden die Regio Sprinter nur von nur von der Rurtalbahn GmbH (RTB) und der Vogtlandbahn GmbH (VBG) eingesetzt.

Die 17 Triebwagen der RTB fahren zwischen Düren und Heimbach, Düren und Linnich und an den Wochenenden auf der Bördebahn zwischen Düren und Euskirchen.

Die 18 Regio Sprinter der VBG fahren bevorzugt auf den Linien Zwickau – Klingenthal – Kraslice (– Karlovy Vary), Zwickau (Sachs) Hbf – Reichenbach (Vogtl) – Herlasgrün – Plauen (Vogtl) – Adorf und Hof – Plauen (Vogtl) – Adorf.

1999 wurden die Wagen der VBG unter anderem mit Bremslichtern und Blinkern ausgerüstet, so dass sie nach den Bestimmungen der BOStrab auch auf den Straßenbahngleisen in der Zwickauer Innenstadt fahren dürfen.

Die dänische Lokalbanen A/S (LB) setzt vier Regio Sprinter auf der Strecke Nærum – Jægersborg ein.

TECHNISCHE DATEN	
Länge über Puffer	24.800 mm
Achsfolge	A2A'
Treibraddurchmesser	760 mm
Laufraddurchmesser	520 mm
Gesamter Achsstand	16.600 mm
Dienstmasse	31,9 t
Maximale Radsatzlast	16 t
Höchstgeschwindigkeit	100 km/h
Leistung	2 x 228 kW
Motorbauart	5-Zylinder-Reihenmotor
Leistungsübertragung	hydrodyn.-mech.
Antrieb	Gelenkwelle, Radsatzgetriebe
Indienststellung	1995 – 1999
Eingesetzt von	RTB, VBG

Die zweiachsigen Triebwagen der Baureihe 672 stammen von der Deutschen Waggonbau AG in Bautzen

Anfang 2004 übernahm die Deutsche Bahn 19 Triebwagen der insolventen Karsdorfer Eisenbahngesellschaft (KEG) und reihte sie als Baureihe 672 in ihren Bestand ein.

Entwicklung Bei den Fahrzeugen handelt es sich um zweiachsige Schienenbusse der Bauart LVT/S (Leichtverbrennungstriebwagen und Schienenbus) der Deutschen Waggonbau AG in Bautzen. 1996 hatte das Unternehmen die Triebwagen auf der „Innotrans" in Berlin vorgestellt.

Fahrzeugbau Radial einstellbare Einzelradlaufwerke sollen eine gute Kurvengängigkeit gewährleisten.

Der Wagenkasten liegt über sekundäre Schraubenfedern auf den Laufwerken auf. Die primäre Federung erfolgt mit Einschichtfedern. Die Monobloc-Radsätze laufen in Kegelrollenlagern.

Für die Konstruktion der zweiachsigen Leichttriebwagen nutzte der Hersteller bewährte Großserienkomponenten des Bus- und Straßenbahnbaus. Die Walzprofile und Bleche für das Untergestell, den Wagenkasten und die Dachkonstruktion bestehen zum Großteil aus rostfreiem Edelstahl.

Durch den modularen Aufbau lassen sich Raumaufteilung und Ausstattung schnell und problemlos an die Wünsche der Kunden anpassen.

Beim Prototyp-Wagen wurden Zug- und Stoßkräfte durch normale Seitenpuffer und Schraubenkupplungen übertragen. Die Fahrzeuge können aber auch mit automatischen Mittelpufferkupplungen ausgestattet werden. Die Wagen der DB haben spezielle, von der Karsdorfer Eisenbahn entwickelte Mittelpufferkupplungen.

Neben der in das Automatikgetriebe integrierten Retarderbremse verfügen die Wagen über eine Scheiben- und eine Feststellbremse.

Antrieb Unter dem hochflurigen Bereich am Wagenende liegt der Sechszylinder-Dieselmotor. Er überträgt sein

Die Wagen haben eine automatische Mittelkupplung und Seitenpuffer

Drehmoment auf ein automatisches Getriebe von Voith. Eine Gelenkwelle verbindet dieses Getriebe mit dem Achswendegetriebe im Radsatz.

Dank ihrer Mehrfachsteuerung lassen sich bis zu vier Triebwagen zu Zügen zusammenkuppeln und vom vorderen Führertisch aus steuern.

Innenraum Im Fahrgastraum sind je fünf Sitze nebeneinander in Reihe aufgestellt oder vis-a-vis zu offenen Abteilen zusammengefasst.

Die Einstiegstüren sind in der Mitte des Großraums im Niederflurbereich. Über Rampen können sie auch von Rollstuhlfahrern genutzt werden.

Der zugehörige Stellplatz befindet sich im Einstiegsbereich. Hier sind Klappsitze montiert, so dass außer Rollstühlen auch Kinderwagen oder Fahrräder abgestellt werden können. Im Niederflurbereich ist zudem die Toilette untergebracht.

Einsatz Einige LVT/S wurden 1998 von der Butzbach-Licher Eisenbahn auf der Strecke Friedberg – Friedrichsdorf eingesetzt, weil die bestellten GTW 2/6 nicht rechtzeitig geliefert wurden.

Ab 1999 setzte die KEG ihre Wagen auf der Burgenlandbahn zwischen Naumburg, Querfurt, Weißenfels und Merseburg ein. Anschließend kamen sie zur DB, die sie zunächst in Weißenfels und später in Halle (Saale) beheimatete.

TECHNISCHE DATEN	
Länge über Puffer	16.540 mm
Achsfolge	A'1'
Treibraddurchmesser	760 mm
Laufraddurchmesser	760 mm
Gesamter Achsstand	9.000 mm
Dienstmasse	25,2 t
Maximale Radsatzlast	16,9 t
Höchstgeschwindigkeit	100 km/h
Leistung	265 kW
Motorbauart	6-Zylinder-Reihenmotor
Leistungsübertragung	hydrodynamisch
Antrieb	Gelenkwelle, Radsatzgetriebe
Indienststellung	1998 – 1999
Eingesetzt von	DB Regio

Viele TVT wurden von Privatfirmen übernommen und sind dort noch immer im Einsatz

Mit der fortschreitenden Elektrifizierung in den 1950er-Jahren entstand bei der Deutschen Bundesbahn Bedarf an modernen Wartungsfahrzeugen.

Entwicklung Der Bau von Schienenbussen der Baureihen VT 95 und VT 98 war zu dieser Zeit in vollem Gange. Die ersten Fahrzeuge der robusten und einfach zu handhabenden Bauart hatten sich bereits bewährt und waren beim Personal beliebt. Die DB entschied, den neuen Turmtriebwagen aus den Schienenbussen abzuleiten. Der auffälligste Unterschied zu den Schienenbussen besteht neben den technischen Einrichtungen im höheren Wagenkasten, der ein einfacheres Arbeiten in den Fahrzeugen ermöglicht.

1955 wurde eine erste Serie der Turmtriebwagen abgeliefert, die sich durch schwächere Motoren mit einer Leistung von nur 191 kW von ihren Nachfolgern unterschied. Ab der zweiten Lieferserie hatten die Wagen eine Leistung von 220 kW. In dieser Ausführung wurden insgesamt 12 Serien bestellt, deren Auslieferung bis 1974 dauerte.

Fahrzeugbau Der geschweißte Wagenkasten besteht aus einem Gerippe aus gewalzten Stahlleichtprofilen.

Das Untergestell ist ebenfalls geschweißt. Es hat an beiden Stirnseiten normale Schraubenkupplungen und Hülsenpuffer. So können einzelne Güterwagen mitgeführt oder die Triebwagen an Züge angekuppelt werden.

Antrieb Den Antrieb übernehmen zwei unterflur aufgehängte Anlagen, bei denen jeder Radsatz von einem eigenen Motor angetrieben wird.

Über Strömungskupplungen und Gelenkwellen wird das Drehmoment den Zahnradgetrieben zugeführt. Die sechs Gänge werden über eine elektromagnetische Kupplung geschaltet, von der die Kraft zu den Achswendegetrieben gelangt. Eine nachträglich eingebaute hydrodynamische Bremse und eine Mag-

Der gelbe 701 014 gehört inzwischen zur Bahnservice Mannheim GmbH (BSM)

netschienenbremse unterscheidet die Baureihe 702 von der Baureihe 701. Beim Umbau wurde die Ordnungsnummer nicht geändert.

Innenraum Zwischen den Endführerständen befindet sich der Werkstatt- und Aufenthaltsraum mit Werkbank, Regalen, Sitz- und Waschgelegenheit.

Den größten Teil des Dachs nimmt eine hydraulisch heb- und schwenkbare Arbeitsbühne mit einer Tragfähigkeit von 300 kg ein. Sie besteht aus verschweißten Stahlblechen und -profilen. Mit dem Stromabnehmer zur Erdung und Prüfung der Fahrleitung kann die Lage des Fahrdrahts und die anliegende Spannung kontrolliert werden. Eine Beobachtungskanzel und Suchscheinwerfer sind ebenfalls auf dem Dach montiert.

Einsatz 2010 hatte DB Netze nur drei Triebwagen der Baureihe 701 und fünf der Baureihe 702 in ihrem Bestand. Sie waren aber alle von einer Untersuchung zurückgestellt.

Fünf Wagen wurden zum Diagnose-VT für die Laser-Vermessung und Video-Überwachung von Oberleitungsanlagen umgerüstet. Davon werden noch 702 148 und 702 163 von DB Fahrwegmessung eingesetzt.

Zahlreiche Turmtriebwagen wurden von privaten EVU übernommen und sind weiterhin im Einsatz.

TECHNISCHE DATEN	
Länge über Puffer	13.950 mm
Achsfolge	AA
Treibraddurchmesser	900 mm
Gesamter Achsstand	6.000 mm
Dienstmasse	25,3*; 26** t
Höchstgeschwindigkeit	90 km/h
Leistung	2 x 95,5*; 2 x 110 kW
Motorbauart	6-Zylinder-Motor
Leistungsübertragung	mechanisch
Antrieb	Gelenkwellen
Indienststellung	1955 – 1974
Eingesetzt von	DB Fahrwegmessung DB Netze, private EVU

* erste Bauserie, ** Baureihe 702

Der Hubsteiger kann bis auf eine Höhe von 11,5 m ausgefahren und 10 m neben das Gleis bewegt werden

Das Instandhaltungsfahrzeug für Oberleitungsanlagen (IFO) der Baureihe 703 wurde als Nachfolgebauart für ältere Turmtriebwagen gebaut.

Entwicklung Für die Installation und Unterhaltung von Fahrleitungen beschaffte der DB-Geschäftsbereich Netz Nachfolger für die Baureihen 701/702 und 708⁰. Die Fahrzeuge sollten optimal auf den jeweiligen Verwendungszweck zugeschnitten werden. Windhoff in Rheine entwickelte die zweiachsige Baureihe 703 für Prüf- und Wartungsarbeiten.

1996 wurden die ersten neun Fahrzeuge geliefert. 2000 und 2001 folgte eine zweite, zehn Wagen umfassende Serie. Hersteller der gelb lackierten Fahrzeuge war die Gleisbaumechanik Brandenburg.

Fahrzeugbau Auf einer Hälfte des geschweißten selbsttragenden Rahmens aus Walzprofilen und Blechen sitzt der schallgedämmte Aufbau. Die andere Hälfte des Rahmens ist der Arbeitsbühne vorbehalten.

An den Kopfstücken des Untergestells sind normale Schraubenkupplungen und Hülsenpuffer montiert.

Schraubenfedern stellen die Verbindung zwischen den als Lenkachsen ausgeführten Radsätzen und dem Untergestell her.

Antrieb Der unterflur angebrachte Antrieb erfolgt durch einen wasserge-

Die Baureihe 703 (IFO) ist genau auf ihre Aufgaben zur Revision der Oberleitung zugeschnitten

kühlten MAN-Sechs-Zylinder-Dieselmotor D 2865 LOH-10.

Ein nachgeschaltetes hydromechanisches Lastschaltgetriebe der Zahnradfabrik Friedrichshafen und Gelenkwellen übertragen das Drehmoment auf ein Zwischengetriebe. Von dort wird es auf die Achsgetriebe der beiden Radsätze geleitet. Ein zweiter MAN-Motor D 0824 mit 81 kW Leistung versorgt einerseits die Hydraulikantriebe der Arbeitsgeräte und dient andererseits in Verbindung mit einem hydrostatischen Antrieb für die Schleichfahrt bis 5 km/h bei Arbeiten an der Oberleitung.

Die indirekt wirkende Druckluft-Klotzbremse der Bauart Knorr hat einen elektronischen Gleitschutz und eine Zusatzbremse.

Innenraum Der Aufbau hat an beiden Enden vollständig eingerichtete Führerstände. Dazwischen sind eine Sitzbank mit Tisch, eine Werkbank und Ablagemöglichkeiten zu finden.

Eine Dachkanzel ermöglicht die Beobachtung des Messstromabnehmers. Auf der Plattform ist ein Hubsteiger mit einem frei schwenkbaren Arbeitskorb montiert. Der Arbeitskorb kann bis auf eine Höhe von 11,5 m ausgefahren werden und seitlich bis zu 10 m neben das Gleis bewegt werden. Such- und Arbeitsscheinwerfer ermöglichen das Arbeiten auch bei Dunkelheit.

TECHNISCHE DATEN	
Länge über Puffer	13.940; 14.950* mm
Achsfolge	AA; B*
Treibraddurchmesser	840 mm
Gesamter Achsstand	8.000; 8.300* mm
Dienstmasse	32; 39,2* t
Maximale Radsatzlast	20 t
Höchstgeschwindigkeit	90; 100* km/h
Leistung	213; 338* kW
Hilfsmotor	81; 89* kW
Motorbauart	5-; 6-*Zylinder-Motor
Hilfsmotor	4-Zylinder-Motor
Leistungsübertragung	hydrodynamisch
Antrieb	Gelenkwellen, Radsatzgetriebe
Indienststellung	1996/2000 – 2001
Eingesetzt von	DB Netze

* Baureihe 703[1]

Die vierachsigen Turmtriebwagen basieren auf den einteiligen Triebwagen der Baureihe 627⁰

Die vierachsigen Turmtriebwagen der Baureihe 704 werden zu Wartungs- und Reparaturzwecken auf den Schnellfahrstrecken der Deutschen Bahn eingesetzt.

Entwicklung Die Neuentwicklung wurde notwendig, weil die Turmtriebwagen der Baureihen 701 und 702 wegen ihrer niedrigen Höchstgeschwindigkeit von 90 km/h nicht mehr freizügig auf allen Strecken eingesetzt werden konnten. Die Triebwagen basieren auf der 1974 vorgestellten Baureihe 627^0. Sie tragen die Nummern 704 001 bis 005.

Fahrzeugbau Der Wagenkasten besteht aus einem Stahlgerippe und aufgeschweißten Blechen. Die Kopfstücke des Untergestells sind zur Aufnahme einer automatischen Kupplung vorbereitet. Die Drehgestelle haben einen Torsionsrahmen. Die Luftbälge der Federung werden lastabhängig be- und entlüftet, so dass der Wagenboden immer auf gleicher Höhe bleibt.

Antrieb Ursprünglich übernahmen zwei 287 kW starke Zwölf-Zylinder-Dieselmotoren den Antrieb. Aus Kostengründen und um die Emissionen zu verringern, wurde einer davon gegen ein Aggregat mit einer Leistung von nur 204 kW ausgetauscht. Über ein Zweiwandlergetriebe und Gelenkwellen gelangt das Drehmoment auf die Radsätze.

Die mehrlösige Druckluftbremse hat einen elektronischen Gleitschutz und eine automatische Lastabbremsung.

Innenraum Beide Führerräume entsprechen der Baureihe 627^0. Im großen Werkstattbereich zwischen den Führerräumen befinden sich Werkbänke, Regale und ein Flaschenzug.

Ein kleiner Aufenthaltsraum mit Tisch und vier Sitzgelegenheiten ist vom Werkstattraum abgetrennt. Schränke und ein Herd vervollständigen die Ausstattung. Hier ist auch der Zugang zum Waschraum mit einem kleinen Waschbecken zu finden.

Mit 140 km/h Höchstgeschwindigkeit kann die Baureihe 704 auf Schnellfahrstrecken eingesetzt werden

Über eine Luke in der Decke ist die Arbeitsplattform auf dem Dach zu erreichen.

Außer dem Messstromabnehmer ist dort eine Arbeitsbühne montiert, die um 2 m nach oben gefahren und dabei um 90° nach links oder rechts ausgeschwenkt werden kann.

Zusätzlich zur Arbeitsbühne gibt es eine Steigleiter, mit der eine Arbeitshöhe von bis zu 18 m erreicht wird.

Eine Kanzel ermöglicht die Beobachtung des Stromabnehmers. Wird nachts gearbeitet, können Scheinwerfer auf dem Dach und bis zu acht Leuchtstofflampen an der Außenseite des Dachs eingeschaltet werden.

Einsatz Die fünf gelben, 140 km/h schnellen Turmtriebwagen werden von DB Netze in ganz Deutschland bevorzugt auf Schnellfahrstrecken eingesetzt. 704 001 und 002 ist in Saarbrücken beheimatet, 704 003 arbeitet von Mainz aus, 704 004 von Würzburg. 705 005 ist in Fulda stationiert.

TECHNISCHE DATEN	
Länge über Puffer	23.400 mm
Achsfolge	B'B'
Treibraddurchmesser	760 mm
Achsstand im Drehgestell	1.900 mm
Gesamter Achsstand	17.400 mm
Dienstmasse	53 t
Höchstgeschwindigkeit	140 km/h
Leistung	287 + 204 kw
Motorbauart	12-Zylinder-Motor
Leistungsübertragung	hydraulisch
Antrieb	Gelenkwellen, Radsatzgetriebe
Indienststellung	1977 – 1978
Eingesetzt von	DB Netze

705 Tunnelinstandhaltungsfahrzeug

Das Tunnelinstandhaltungsfahrzeug 705 001 basiert auf dem österreichischen MTW 552

Für die Wartung der langen Tunnel auf den Schnellfahrstrecken beschaffte die DB das Tunnelinstandhaltungsfahrzeug (TIF) 705 001.

Entwicklung Die Deutsche Plasser Bahnbaumaschinen GmbH lieferte 1992 das Fahrzeug mit der Nummer 705 001 an die DB aus. Heute ist es in Karlsruhe beheimatet.

Fahrzeugbau Ein geschweißter Rahmen trägt den Aufbau, der nicht über die gesamte Länge reicht. Kurze Arbeitsbühnen grenzen vorn und hinten an den Aufbau an.

Antrieb Für Streckenfahrten ist ein Zwölf-Zylinder-Dieselmotor mit 367 kW eingebaut, für Untersuchungsmessfahrten ein Vier-Zylindermotor mit 44 kW.

Innenraum Das begehbare Dach hat umklappbare Geländer. Die Hubdrehbühne kann um 1,6 m angehoben werden. Ein Hubsteiger bringt die Arbeiter bis auf elf Meter Höhe über die Schienenoberkante.

Zwischen den Führerständen ist der Mehrzweckraum mit Küchenzeile, Klappbetten, Sitzgelegenheiten und einem Tisch eingerichtet. Ein Büro mit Schreibplatz und Regalen, ein Aufenthaltsraum und eine Nasszelle vervollständigen die Inneneinrichtung.

TECHNISCHE DATEN	
Länge über Puffer	15.920 mm
Achsfolge	2'B'
Treibraddurchmesser	840 mm
Laufraddurchmesser	840 mm
Achsstand im Drehgestell	1.800 mm
Gesamter Achsstand	11.300 mm
Dienstmasse	52 t
Höchstgeschwindigkeit	120 km/h
Leistung	367 kW
Hilfsmotor	44 kW
Motorbauart	12-Zylinder-Motor
Hilfsmotor	4-Zylinder-Motor
Leistungsübertragung	hydrodynamisch
Antrieb	Gelenkwellen
Indienststellung	1992
Eingesetzt von	DB Netze

Alle drei Wagen der Baureihe 709 bestellte die Deutsche Reichsbahn in Österreich

Die Deutsche Reichsbahn bestellte 1992 bei Plasser & Theurer drei Oberleitungsrevisionstriebwagen der Baureihe 709.

Fahrzeugbau Auf dem geschweißten Fahrzeugrahmen sitzt die selbsttragende Kabine. Sie reicht fast über die gesamte Länge des Rahmens und hat an beiden Enden einen Führerraum.

Antrieb Der unterflur angeordnete Zwölf-Zylinder-Dieselmotor von KHD, Typ B FL 513 C, treibt über Gelenkwellen und ein hydrodynamisches Getriebe die Radsätze eines Drehgestell an.

Für niedrige Geschwindigkeiten ist ein Vier-Zylinder-Motor von KHD mit einer Leistung von 44 kW eingebaut.

Innenraum Zwischen den beiden Endführerständen befinden sich der Werkstattraum, Aufenthaltsräume für sieben Personen und ein Messplatz mit Videoüberwachung der Fahrleitung. Das Dach ist mit einer Hubarbeitsbühne, einer Seildrückanlage, zwei Fahrdrahtmessanlagen und einem Messstromabnehmer bestückt.

TECHNISCHE DATEN	
Länge über Puffer	15.840 mm
Achsfolge	B'2'
Treibraddurchmesser	840 mm
Laufraddurchmesser	840 mm
Achsstand im Drehgestell	1.800 mm
Gesamter Achsstand	11.300 mm
Dienstmasse	59 t
Höchstgeschwindigkeit	120 km/h
Leistung	367 kW
Hilfsmotor	44 kW
Motorbauart	12-Zylinder-Motor
Hilfsmotor	4-Zylinder-Motor
Leistungsübertragung	hydrodynamisch
Antrieb	Gelenkwellen
Indienststellung	1993 – 1994
Eingesetzt von	DB Netze

Auf dem Dach tragen die Wartungsfahrzeuge einen Messstromabnehmer und eine Beobachtungskanzel

Für die Wartung ihres elektrifizierten Streckennetzes beschaffte die DR der DDR zwischen 1987 und 1991 die Oberleitungstriebwagen der Baureihe 708.

Entwicklung Die vierachsigen Wagen der Baureihe 188³ lehnen sich an die Oberleitungsrevisionstriebwagen der ersten Generation an, die 1968 in Dienst gestellt worden waren.

Auf der Leipziger Messe 1987 wurden die Wagen der zweiten Generation wurden erstmals gezeigt.

In Halle und Dresden testete die Reichsbahn ausgiebig die beiden vom VEB Waggonbau Görlitz gelieferten Musterfahrzeuge.

1989 begann die Serienfertigung. Bis 1991 wurden einschließlich der beiden Baumuster 37 Fahrzeuge dieser Bauart gefertigt.

Fahrzeugbau Kasten und Rahmen sind geschweißt, ihre selbsttragende Konstruktion ist von außen beblecht.

Das Untergestell ist zwar für den Einbau einer automatischen Mittelpufferkupplung eingerichtet, es wurden aber normale Schraubenkupplungen und Seitenpuffer montiert.

Die geschweißten Drehgestelle gehören zur modifizierten Bauart „Görlitz V". Schraubenfedern übernehmen die Radsatz- und Wiegenfederung. Trieb- und Laufdrehgestelle sind nahezu baugleich. Allerdings leiten beim Triebdrehgestell integrierte Achsgetriebe das Antriebsmoment in die beiden Radsätze.

Die selbsttätige, indirekt wirkende Druckluft-Scheibenbremse arbeitet auf alle vier Radsätze. Während im Triebdrehgestell nur zwei Bremsscheiben je

Die vierachsigen Turmtriebwagen der Baureihe 708 wurden ab 1987 von der DR der DDR beschafft

Radsatz zu finden sind, haben die Radsätze der antriebslosen Drehgestelle vier Bremsscheiben.

Antrieb Der Sechs-Zylinder-Dieselmotor überträgt sein Drehmoment über ein Strömungsgetriebe auf das Achsgetriebe. Er beschleunigt die Wagen auf 100 km/h. Die Anhängelast beträgt 50 t, es können also zusätzliche Wagen mitgenommen werden.

Innenraum Der Innenraum ist unterteilt in die Führerräume, den Werkstattraum und einen Aufenthaltsraum mit Sitzgelegenheiten, Tisch, einer Küchenzeile und Schränken. Im Werkstattraum können Werkzeuge und Materialien in Regalen und Schränken verstaut werden. Den Mitarbeitern steht eine Toilette mit Waschbecken zur Verfügung.

Auf dem Dach sind eine Arbeitsbühne, ein Messstromabnehmer, eine Beobachtungskanzel und Scheinwerfer installiert. Eine Leiter kann auf 18 m Länge ausgefahren werden. Die Bühne ist um 100° nach beiden Seiten drehbar und kann um 2 m angehoben werden.

TECHNISCHE DATEN	
Länge über Puffer	22.400 mm
Achsfolge	2'B'
Treibraddurchmesser	920 mm
Laufraddurchmesser	920 mm
Achsstand im Drehgestell	2.500 mm
Gesamter Achsstand	18.300 mm
Dienstmasse	61 t
Höchstgeschwindigkeit	100 km/h
Leistung	330 kW
Motorbauart	6-Zylinder-Motor
Leistungsübertragung	mechanisch
Antrieb	Gelenkwellen, Radsatzgetriebe
Indienststellung	1987 – 1991
Eingesetzt von	DB Netze

711⁰ Hubarbeitsbühnen-Instandhaltungsfahrzeug

Die Fahrzeuge der Baureihe 711 mit Teleskoparbeitsbühne treten an die Stelle älterer Turmtriebwagen

Die Flotte der Turmtriebwagen der DB wurde in den 1990er-Jahren durch die Baureihe 711 „HIOB“ ergänzt.

Fahrzeugbau Rahmen und Wagenkasten bestehen aus einer geschweißten Stahlkonstruktion. Der Kastenaufbau erstreckt sich über die gesamte Länge des vierachsigen Fahrzeugs. Zwischen den Führerständen sind ein Werkstattraum und ein großer Aufenthaltsraum mit Küche und Sitzecke sowie die Nasszelle und eine Vakuum-Toilette angeordnet.

Auf dem Dach ist zusätzlich zur frei schwenkbaren Hubarbeitsbühne eine Scherenhubbühne montiert. Beide Bühnen können zu einer großen Arbeitsplattform vereint werden. Zudem sind auf dem Dach ein Lehrstromabnehmer, eine Aussichtskanzel, eine Videokamera und Scheinwerfer installiert.

Antrieb Eines der beiden Drehgestelle wird von einem MAN-Sechs-Zylinder-Dieselmotor der Bauart D 0824 mit Rußfilteranlage angetrieben. Die Kraftübertragung erfolgt über ein hydromechanisches Getriebe und Gelenkwellen. Für Hydraulikgeräte und für den unteren Geschwindigkeitsbereich kann der Arbeits- und Fahrmotor mit einer Leistung von 118 kW zugeschaltet werden.

Einsatz Von den ursprünglich neun Wagen sind nur noch fünf im Bestand. Zwei davon werden nicht mehr eingesetzt.

TECHNISCHE DATEN	
Länge über Puffer	17.240 mm
Achsfolge	B'2'
Treibraddurchmesser	840 mm
Laufraddurchmesser	840 mm
Achsstand im Drehgestell	1.800 mm
Gesamter Achsstand	12.800 mm
Dienstmasse	66 t
Höchstgeschwindigkeit	120 km/h
Leistung	338 kW
Hilfsmotor	118 kW
Motorbauart	6-Zylinder-Reihenmotor
Hilfsmotor	4-Zylinder Reihenmotor
Leistungsübertragung	hydrodynamisch
Antrieb	Gelenkwellen, Radsatzgetriebe
Indienststellung	1996 – 1997
Eingesetzt von	DB Netze

Hubarbeitsbühnen-Instandhaltungsfahrzeug 711^1

Mit einer Höchstgeschwindigkeit von 160 km/h kann die Baureihe 711^1 den Einsatzort schnell erreichen

Um bei Schäden an der Oberleitung schnell vor Ort zu sein, beschaffte die DB ab 2002 die 160 km/h schnellen Triebwagen der Baureihe 711^1.

Fahrzeugbau Die Aufbauten unterteilen sich in die beiden Kopfsegmente mit den Führerräumen und dem dazwischen liegenden Wagenkasten, in dem sich die Werkstatt, der Lagerraum, die Nasszelle und ein Sozialraum mit einem Arbeitsplatz befinden.

Zur Arbeitsausstattung gehören eine frei schwenkbare Hubarbeitsbühne, eine Hubarbeitsbühne mit schwenkbarem Arbeitskorb, ein Fahrdraht- und Tragseildrücker, ein Stromabnehmer mit einstellbarer Anpresskraft sowie eine Videoanlage zur Beobachtung des Stromabnehmers.

Antrieb Zwei Motoren treiben das Fahrzeug an. Ein weiterer Dieselmotor mit Rußpartikelfiltersystem versorgt die hydraulischen Einrichtungen und dient zur Schleichfahrt bei Arbeitseinsätzen.

Die indirekt wirkende, selbsttätige, mehrlösige Scheibenbremse hat eine Gleit- und Schleuderschutzanlage sowie eine Sandstreuanlage. Sie wird durch eine Druckluft-Zusatzbremse, eine elektro-pneumatische Bremse, eine Magnetschienenbremse und eine Federspeicherbremse als Feststellbremse ergänzt.

Einsatz 2011 sind noch alle 22 der gelb lackierten Wagen im Bestand der DB AG. Sie sind in Werken in ganz Deutschland beheimatet.

TECHNISCHE DATEN	
Länge über Puffer	26.640 mm
Achsfolge	B'B'
Treibraddurchmesser	920 mm
Achsstand im Drehgestell	1.800 mm
Gesamter Achsstand	12.800 mm
Dienstmasse	77,5 t
Höchstgeschwindigkeit	160 km/h
Leistung	2 x 294 kW
Hilfsmotor	130 kW
Motorbauart	12-Zylinder-V-Motor
Hilfsmotor	6-Zylinder-Reihenmotor
Leistungsübertragung	hydrodynamisch
Antrieb	Gelenkwellen, Radsatzgetriebe
Indienststellung	2002 – 2004
Eingesetzt von	DB Netze

Zwei 120 km/h schnelle Schneeschleudern wurden 1994 im Ausbesserungswerk Meiningen gebaut

Für die Neubaustrecke Hannover – Würzburg beschaffte die DB eine leistungsfähige Schneeschleuder, die schnell am Einsatzort ist und eine hohe Arbeitsgeschwindigkeit erreicht.

Fahrzeugbau Die Doppelrahmenkonstruktion des geschweißten Wagenkastens ist aus unterschiedlichen Profilstählen hergestellt. Der um 180° drehbare Wagenkasten trägt alle drei Motoren samt den zugehörigen Getrieben. Er teilt sich in den flachen Maschinenraum, das Führerhaus und den Schleudersatz.

Das geräumige Führerhaus ist klimatisiert. Es wird durch einfache Drehtüren an den Seiten betreten. Die Schleuder muss von zwei Mitarbeitern bedient werden. Einer fährt, der andere ist für die Bedienung der Schleudereinrichtung zuständig.

Beheizbare Frontscheiben mit rotierenden Scheibenwischern sollen auch bei ungünstigen Witterungsverhältnissen eine möglichst gute Sicht auf den Räumvorgang gewährleisten.

Je zwei in Rollenlagern geführte Radsätze sind durch einen geschweißten Rahmen zu einem Drehgestell zusammengefasst, in dem auch die Bremsanlage montiert ist.

Damit die Schneeschleuder zur Überführung an Züge angekuppelt, oder bei sehr hohem Schnee von einer Schublokomotive unterstützt werden kann, hat sie hinten normale Schraubenkupplungen und Zughaken.

Die Schleuderausrüstung besteht aus je zwei übereinander liegenden Vorschneidepropellern mit dahinter liegenden Wurfschaufelrädern.

Die Schleuderausrüstung kann hydraulisch zur Seite und nach oben verschoben werden. Damit lässt sich die Räumbreite auf 5 m erweitern, die Räumhöhe auf 3 m.

Weil die Schleudereinrichtung den Schnee zwischen den Gleisen liegen lässt, räumt eine kleine Pflugschar am Heck zwischen den Schienen. Sie kann vom Führerpult aus hydraulisch abgesenkt und angehoben werden.

Sämtliche Antriebsaggregate sind in einem langen flachen Maschinenraum zusammengefasst

Antrieb Der aufgeladene Zwölf-Zylinder-Dieselmotor von Daimler-Benz überträgt seine Leistung über ein Hydraulikgetriebe und Gelenkwellen auf die Achsgetriebe aller vier Achsen. Ein mechanisches Getriebe erlaubt das Umschalten vom Streckengang (Höchstgeschwindigkeit 120 km/h) in den Arbeitsgang (Höchstgeschwindigkeit 30 km/h).

Die Schleudereinrichtung wird von zwei weiteren Motoren des selben Typs (einer für jedes Schleuderrad) über ein Zwei-Gang-Getriebe bewegt.

Eine mehrlösige automatische Druckluftbremse mit elektronischem Gleitschutz sorgt für die Verzögerung der Fahrzeuge. Zusätzlich ist eine Feststellbremse eingebaut.

Einsatz Die beiden gelben Schneeschleudern sind in München (716 001) bzw. Fulda (716 002) stationiert. Von dort aus werden sie bevorzugt auf den Schnellfahrstrecken eingesetzt, kommen aber auch auf anderen Linien im gesamten Bundesgebiet zum Einsatz.

TECHNISCHE DATEN	
Gesamtlänge	16.500 mm
Achsfolge	B'B'
Treibraddurchmesser	850 mm
Achsstand im Drehgestell	2.000 mm
Gesamter Achsstand	9.000 mm
Dienstmasse	80 t
Höchstgeschwindigkeit	120; 30* km/h
Leistung (Fahrmotor)	605 kW
Schleudermotoren	2 x 605 kW
Motorbauart	12-Zylinder-Motor
Schleudermotoren	12-Zylinder-Motor
Leistungsübertragung	hydrodynamisch
Antrieb	Gelenkwellen, Radsatzgetriebe
Indienststellung	1994
Eingesetzt von	DB Netze

* Arbeitsgeschwindigkeit

Der erste Schienenprüfzug wurde aus den dreiteiligen Dieseltriebwagen der Baureihe 614 abgeleitet

Um Schäden am Gleis rechtzeitig erkennen zu können, hat die DB Ultraschall-Prüfzüge im Bestand, die auf dem gesamten Streckennetz unterwegs sind.

Entwicklung Das Prüfen der Schienen mit Ultraschall bietet den Vorteil, dass auch kleine Fehler zerstörungsfrei erkannt werden können.

1975 lieferte MBB den ersten dreiteiligen Prüfzug 719 001/720 001/719 501, der sich an die Baureihe 614 anlehnt.

Der zweite Prüfzug wurde 1996 von Plasser & Theurer gebaut. Der „SPE 140“ (Schienenprüfexpress) erhielt bei der DB die Nummern 719 101/719 102 (Endwagen) und 720 101 (Mittelwagen).

Auch von ausländischen Bahngesellschaften werden die Schienenprüfzüge angemietet und eingesetzt.

Fahrzeugbau Die Wagenkästen sind in Stahlleichtbauweise unter Verwendung verschiedener Walzprofile und Bleche hergestellt und im Fensterbereich leicht eingezogen.

An den Zugenden sind normale Schraubenkupplungen und Puffer montiert. Zwischen den Wagen wurden automatische Kupplungen verwendet.

Im 719 001 ist ein Aufenthaltsraum mit Anschlüssen für Radio und Fernseher, eine Küche mit Mikrowellenherd, Kühlschrank und Spüle eingerichtet. Außerdem gibt es einen Wasch- und Duschraum sowie drei Schlafabteile.

Der 719 501 bietet außer einem Wasch- und einem Duschraum fünf Schlafabteile und einen kleinen Büro-Schreibplatz.

Der Mittelwagen 720 001 beherbergt die Messtechnik. Unter dem Fahrzeugboden ist dafür ein absenkbarer Prüfkopf-Trägerwagen angeordnet. Er wurde an den Enden mit je zwei Laufradsätzen bestückt, zwischen denen sich die Messköpfe befinden.

Die Messgeschwindigkeit beträgt maximal 50 km/h. Weil die Messköpfe einen Wasserfilm auf den Gleisen benötigen, werden im Mittelwagen zwei Was-

Schienenprüfzug 719, 720

Der $719^1/720^1$ ist eine Neukonstruktion von Plasser & Theurer

sertanks mit je 1.500 Litern Inhalt mitgeführt. Zudem ist im Mittelwagen ein Werkstattraum zu finden.

Der 1995/96 gebaute zweite Schienenprüfzug läuft auf Drehgestellen der Schweizerischen Industriegesellschaft.

Die Messtechnik wurde von der Deutschen Bahn in Minden eingebaut. Der vierachsige Prüfkopf-Trägerwagen ist beweglich in der Mitte des Fahrgestellrahmens montiert. Die Anordnung der Trag- und Leiträder soll eine präzise Führung der Prüfköpfe am Gleis gewährleisten. An den Längsseiten des Trägerwagens befinden sich spurgeführte Prüfkopfträger.

Der neuere Prüfzug verfügt über leistungsfähigere Elektronik, die eine Arbeitsgeschwindigkeit von bis zu 100 km/h zulässt. Dieser Zug ist in gelb und lichtgrau lackiert, während der $719^0/720^0$ gelb gestrichen wurde.

Antrieb Beim $719^0/720^0$ sorgt ein unterflur eingebauter, wassergekühlter MAN-Dieselmotor der Bauart D 3650 HM 12 U für den Vortrieb. Der neue Wagen wurde mit einem MTU-Motor vom Typ 12 V 183 TD 13 ausgestattet. Bei beiden Zügen wird das Drehmoment über Getriebe und Gelenkwellen übertragen.

TECHNISCHE DATEN	
Länge über Kupplung	
Zug (3-teilig)	79.460; 71.100* mm
Endwagen	26.650; 23.700* mm
Mittelwagen	26.160; 23.700* mm
Achsfolge	B'2' + 2'2' + 2'B'
Treibraddurchmesser	950; 920* mm
Laufraddurchmesser	900; 920* mm
Achsstand im Drehgestell	2.500 mm
Gesamter Achsstand	21.500; 19.500* mm
Dienstmasse	148,3; 192,7* t
Höchstgeschwindigkeit	140; 160* km/h
Leistung	2 x 448; 2 x 540* kW
Hilfsmotoren	2 x 24; 50 + 60* kW
Motorbauart	16-; 12*-Zylinder-V-Motor
Leistungsübertragung	hydraul.; hydrodyn.*
Antrieb	Gelenkwellen, Radsatzgetriebe
Indienststellung	1974; 1995*
Eingesetzt von	DB Fahrwegmessung

* Baureihe $719^1/720^1$

Die Baureihe 725 entstanden durch den Umbau nicht mehr benötigter Schienenbusse der Baureihe 798

In den 1970er-Jahren beschaffte die DB Gleismessfahrzeuge zur Überprüfung des Schienennetzes. Sie entstanden aus Schienenbussen und neuen Steuerwagen.

Entwicklung Die in den 1970er-Jahren bei der DB vorhandenen Gleismessdraisinen waren für die gestiegenen Ansprüche nicht mehr schnell genug. Außerdem waren es so wenige Fahrzeuge, dass das gesamte Gleisnetz nur in langen Intervallen geprüft werden konnte. Um diesen Zustand zu beenden, nahm die DB ab 1974 fünf neue Gleismesszüge in Betrieb.

Die Motorwagen wurden von MBB in Donauwörth und dem AW Kassel aus Schienenbussen der Baureihe 798 umgebaut. Sie werden bei der DB als Baureihe 725 bezeichnet während die von MBB neu gebauten Steuerwagen als Baureihe 726 eingereiht wurden.

Fahrzeugbau Die Kästen beider Wagen bestehen aus einem geschweißten Gerippe mit Stahlblechverkleidung. Der Aufbau der Baureihe 726 entstand nach dem Vorbild des Turmtriebwagens der Baureihe 701 und ist deshalb höher als beim 725.

Die Fahrgestelle sind ebenfalls geschweißt und hatten zunächst an beiden Enden normale Schraubenkupplungen und Seitenpuffer. Später wurde die Schraubenkupplung zwischen den beiden Wagen durch eine automatische Scharfenbergkupplung ersetzt.

Im Gegensatz zur normalen Luftfederung des Motorwagens sorgt beim Messwagen eine spezielle Federung unabhängig von der Beladung für eine waagerechte Ausrichtung und einen gleich bleibenden Abstand des Wagenkastens zur Schienenoberkante, um möglichst brauchbare Messergebnisse zu ermöglichen.

Beiden Wagen haben eine mehrlösige Druckluftbremse der Bauart KE-P.

Antrieb Zwei Fahrmotoren des Typs Büssing U 10, die auf je einen Radsatz der zweiachsigen Motorwagen wirken, übernehmen den Antrieb der Züge. Mit ihren sechs Zylindern treiben sie den jeweils weiter entfernt liegenden Radsatz über eine hydraulische Kupplung und ein elektromechanisches Schaltgetriebe an. Zwischen dem Schaltgetriebe und den Radsatzwendegetrieben befinden sich Gelenkwellen.

Der höhere Wagenkasten der Baureihe 726 basiert auf den Turmtriebwagen Baureihe 701

Innenraum Auf beiden Längsseiten der Motorwagen wurden je drei Fenster verschlossen, außerdem wurde die Geräuschdämmung verbessert. Ein Führerstand entfiel, der Innenraum wurde mit Schlafabteilen, Waschraum, Aufenthaltsraum mit Stühlen, Tischen, einer Kochgelegenheit und einem Kühlschrank eingerichtet. Außerdem ist in diesen Wagen ein Maschinenraum mit einem Diesel-Drehstrom-Aggregat zur Stromversorgung der Messeinrichtungen zu finden.

Bis zu 200 Liter Brauchwasser werden in einem Tank im Wagendach mitgeführt.

Im Beiwagen 726 sind ein Führerpult sowie ein Messraum mit einem Messtisch und einer Werkbank für kleinere Reparaturen eingerichtet.

Drei in Bissel-Gestellen aufgehängte Radsätze dienen als Träger der Messeinrichtungen. Die damit aufgezeichneten Gleisparameter wie Spurweite, Verwindung und Überhöhung werden auf dem Messtisch ausgewertet.

Einsatz Die Züge 002 bis 005 sind noch im Bestand der DB. Die gelben Doppelwagen sind in Minden beheimatet und werden von DB Fahrwegmessung auf dem gesamten Streckennetz der DB eingesetzt.
Der Zug 001 wurde bereits Ende Dezember 1999 ausgemustert.

TECHNISCHE DATEN	
Länge über Kupplung	
Zug (2-teilig)	27.350 mm
Einzelwagen	13.950 mm
Achsfolge	AA* + 2**
Treibraddurchmesser (725)	900* mm
Laufraddurchmesser (726)	850** mm
Gesamter Achsstand	6.000 mm
Dienstmasse	23; 18 t
Höchstgeschwindigkeit	90 km/h
Leistung	2 x 110* kW
Motorbauart	6-Zylinder Motor; -*
Leistungsübertragung	mechanisch
Antrieb	Gelenkwellen, Radsatzgetriebe
Indienststellung	1974 – 1975
Eingesetzt von	DB Fahrwegmessung

* Baureihe 725, ** Baureihe 726

740 Signaldienst-Triebwagen

Die Triebwagen dienen zur Wartung der Signal- und Funkanlagen auf den Schnellfahrstrecken

Bei den letzten Umbauten von Schienenbussen der Baureihe 798 zu Bahndienstfahrzeugen entstanden die Signaldienstwagen der Baureihe 740.

Entwicklung Im Ausbesserungswerk Kassel wurden von 1990 bis 1992 sechs Schienenbusse der Baureihe 798 für ihr neues Aufgabengebiet angepasst. Als 740 001 bis 006 sind sie entlang der Schnellfahrstrecken stationiert und werden dort zur Instandhaltung und Wartung der Weichen- und Signalanlagen sowie des Tunnelfunks eingesetzt.

Fahrzeugbau Laufwerk, Wagenkasten und Bremsanlage wurden unverändert von den Spenderwagen übernommen.

Antrieb Auch der Antrieb entspricht mit seinen beiden Motoren und der mechanischen Kraftübertragung den Schienenbussen.

Innenraum Im Inneren wurden ein Aufenthaltsraum, ein schallgedämmter Raum für ein zusätzliches Dieselaggregat und ein großer Werkstattraum eingerichtet. Durch Klappen an beiden Wagenseiten können sperrige Teile ein- und ausgeladen werden. Mehrere Fenster wurden verschlossen bzw. weiß hinterlegt.

Einsatz Die beiden gelben Signaldienst-Wagen 740 002 und 004, deren Verwendungszweck groß angeschrieben ist, sind in Kassel zu Hause.

740 001 schied im August 2004 nach einem Unfall aus dem Bestand aus, auch 740 003, 005 und 006 wurden inzwischen ausgemustert.

TECHNISCHE DATEN	
Länge über Puffer	13.950 mm
Achsfolge	AA
Treibraddurchmesser	900 mm
Gesamter Achsstand	6.000 mm
Dienstmasse	22,4 t
Höchstgeschwindigkeit	90 km/h
Leistung	2 x 110 kW
Motorbauart	6-Zylinder-Motor
Leistungsübertragung	mechanisch
Antrieb	Gelenkwellen, Radsatzgetriebe
Indienststellung	1990 – 1992
Eingesetzt von	DB Netze

172 001 wird museal erhalten und trägt wieder die alten DR-Anschriften

Gute Erfahrungen mit den Schienenbussen der Baureihe 171 veranlassten die DR der DDR zur Beschaffung einer Nachfolgeserie. Anstelle der Beiwagen wurden nun Steuerwagen in Dienst gestellt.

Entwicklung 1964 bis 1969 lieferten Görlitz und Bautzen 73 Motor- und 73 Steuerwagen. Bei der DB wurden sie als Baureihen 772 und 972 bezeichnet.

Fahrzeugbau Stoßdämpfer und Stabilisatoren verbessern die Fahreigenschaften. Die geschweißten Leichtbaukonstruktionen von Kasten und Rahmen bestehen aus Walzprofilen und gekanteten Blechen. Die Radsätze laufen in Rollenlagern. Es sind Scharfenbergkupplungen und leichte Gummipuffer montiert.

Antrieb Seit der Modernisierung im Werk Halle dient ein MAN-Sechs-Zylinder-Dieselmotor als Antrieb. Die Leistung wird über ein Flüssigkeitsgetriebe auf das mechanische Sechsganggetriebe übertragen. Alle Wagen sind mit Vielfachsteuerung ausgestattet.

Innenraum Der Fahrgastraum ist als offener Großraum mit stoffgepolsterten Sitzen eingerichtet.

Einsatz 772 140 und 141 werden seit 2006 von bei der Oberweißbacher Berg- und Schwarzatalbahn für Sonderfahrten vorgehalten.

Weitere Züge werden von Museumsbahnen betriebsfähig erhalten.

TECHNISCHE DATEN	
Länge über Puffer	13.550 mm
Achsfolge	1A
Treibraddurchmesser	900 mm
Laufraddurchmesser	900 mm
Gesamter Achsstand	6.000 mm
Dienstmasse	19,3/22,1* t
Höchstgeschwindigkeit	90 km/h
Leistung	162 kW
Motorbauart	6-Zylinder-Motor
Leistungsübertragung	mechanisch
Anfahrzugkraft	1964 – 1969 kN
Antrieb	Gelenkwellen
Indienststellung	1964 – 1965; 1968 – 1969
Eingesetzt von	OBS, Museumsbahnen

* modernisierte Fahrzeuge

798 Schienenbus

Die RAB setzt den „Ulmer Spatz" an Wochenenden zu Ausflugsfahrten auf der Schwäbischen Alb ein

Die in den 1950er-Jahren gebauten Schienenbusse sollten unrentable Dampflokomotiven auf Nebenstrecken ablösen.

Entwicklung Die Auslieferung der zweimotorigen Baureihe 798 begann 1955. Für die 329 Triebwagen wurden annähernd gleich viele Bei- und Steuerwagen gebaut. Hersteller waren MAN, WMD, Uerdingen, Orion, Rathgeber und Credé.
Fahrzeugbau Auf dem geschweißten zweiachsigen Untergestell mit Regel-Zug- und Stoßeinrichtungen sitzt das Kastengerippe mit aufgenieteten mittragenden Bekleidungsblechen. Der Wagenkasten ist mit Schrauben- oder Luftfedern abgefedert.
Antrieb Unter dem Fahrgestell befinden sich zwei Dieselmotoren vom Typ Büssing U 10. Sie haben eine Leistung von 110 kW. Über die hydraulische Kupplung, das elektromechanische Schaltgetriebe und eine Gelenkwelle gelangt die Antriebsleistung zum Radsatzwendegetriebe.
Innenraum Die stoffbezogenen Sitze in den modernisierten Wagen haben klappbare Lehnen, so dass die Gäste immer in Fahrtrichtung sitzen können.
Einsatz 2011 sind bei der RAB noch die Triebwagen 798 652 und 653 sowie fünf Bei- und Steuerwagen in Betrieb. Im Sommer sind sie an Wochenenden als „Ulmer Spatz" auf der schwäbischen Alb unterwegs.

TECHNISCHE DATEN	
Länge über Puffer	13.950 mm
Achsfolge	AA* + 2**
Treibraddurchmesser (798)	900 mm
Laufraddurchmesser (998)	900 mm
Gesamter Achsstand	6.000 mm
Dienstmasse	20,9*; 10,7** t
Höchstgeschwindigkeit	90 km/h
Leistung	2 x 110* kW
Motorbauart	6-Zylinder-Motor
Leistungsübertragung	mechanisch
Antrieb	Gelenkwelle
Indienststellung	1955 – 1961
Eingesetzt von	RAB

* Triebwagen, ** Bei- und Steuerwagen

ABRN	Abellio Rail NRW GmbH
AGIL	Agilis Verkersgesellschaft mbH & Co KG
AKN	AKN Eisenbahn AG
BOBFN	Bodensee-Oberschwaben-Bahn GmbH
BOBY	Bayerische Oberlandbahn GmbH
BRB	Bayerische Regiobahn GmbH
CAN	cantus Verkersgesellschaft mbH
EB	Erzgebirgsbahn
EIB	Erfurter Bahn GmbH
ERB	Rhenus-Keolis GmbH–eurobahn
EVB	Eisenbahnen und Verkehrsbetriebe Elbe-Weser GmbH
HEB	HLB Hessenbahn GmbH
HEX	Veolia Verkehr -Sachsen-Anhalt GmbH
HLB	HLB Basis AG
HzL	Hohenzollerische Landesbahn AG
KHB	Kurhessenbahn
NEB	Niederbarnimer Eisenbahn AG
NOB	Nord-Ostsee-Bahn GmbH
NS	Nederlandse Spoorwegen NL
NWB	NordWestBahn GmbH
OBS	Oberweißbacher Berg- und Schwarzatalbahn
ODEG	Ostdeutsche Eisenbahngesellschaft GmbH
OLA	Ostseeland Verkehr GmbH
PEG	Prignitzer Eisenbahn-Gesellschaft mbH
RAB	Regionalbahn Alb-Bodensee
RBE	Rheinisch-Bergische Eisenbahn-Gesellschaft mbH
RBG	Regental Bahnbetriebs GmbH
RBK	Regionalbahn Kassel GmbH
RENFE	Red Nacional de los Ferrocarriles Espanoles
RTB	Rurtalbahn GmbH
SBB	Schweizerische Bundesbahnen
SNCB	Société Nationale des Chemins de fer Belges
SNCF	Société Nationale des Chemins de Fer
SOBB	Südostbayernbahn
SVG	Schienenverkehrsgesellschaft mbH
SWEG	Südwestdeutsche Verkehrs AG
TDR	Transregio Deutsche Regionalbahn GmbH
UBB	Usedomer Bäder-Bahn GmbH
VBG	Vogtlandbahn GmbH
VCT	Vectus Verkehrsgesellschaft mbH
VHT	Verkehrsverband Hochtaunus
VIAS	VIAS GmbH
VVRO	Veolia Verkehr Regio Ost GmbH
WEG	Württembergische Eisenbahngesellschaft mbH
WFB	Westfrankenbahn